东北虎豹国家公园自然观察手册

郭亮 主编

东北虎豹国家公园管理局
影像生物调查所（IBE） 编著

北京出版集团
北京出版社

谨以此书献给中华人民共和国75周年华诞！

并向致力于保护自然的人们致敬！

《东北虎豹国家公园自然观察手册》编审委员会

主　　　任：段兆刚

副 主 任：毛光升　侯　翎　关　昀　陈　阳

成　　　员（以姓氏笔画为序）：

　　　　　　王　巍　王乃勋　王佰平　刘林波
　　　　　　李　平　李子木　杨小巍　陈晓才
　　　　　　胡玉飞　姜永杰　袁　曦　徐龙义
　　　　　　康　军　程志刚

《东北虎豹国家公园自然观察手册》编辑委员会

主　　　编：郭　亮

执 行 主 编：秦大公

编委会成员：郭　亮　秦大公　殷丽洁　姜佳莹
　　　　　　付明千　郭华兵　管彦宇　刘　奇
　　　　　　聂　冠　赵　健　葛松年　杨　丹

摄　　　影：郭　亮　秦大公　殷丽杰　姜佳莹
　　　　　　谷宝臣　田继光　崔　林　陈修强

春·兴安杜鹃

夏·斑嘴鸭与家燕

秋·杜荒子林场

冬·棕熊

温带针阔叶混交林

兰家林场旧址

前言
PREFACE

当前，世界处于百年未有之大变局，中国正处于近代以来最好的发展时期。新工业革命推动新兴市场国家高速发展，为发展中国家带来了前所未有的战略发展机遇，尤其是以中国为代表的发展中国家成为新兴

大国力量,对世界格局的变化产生了重大影响。新中国成立以来,中国的经济发展发生了翻天覆地的变化,中国的高速发展成为世界经济增长的稳定器和引擎。今天,中国已经是世界第二大经济体;未来,这个东方文明大国引领世界发展的潜力还将继续爆发。中华民族通过和平发展，将实现包括物质文明、政治文明、精神文明、社会文明、生态文明在内的全面复兴，中华民族要通过和平发展，再次走在世界前列。

习近平总书记在党的二十大报告中指出，"从现在起，中国共产党的中心任务就是团结带领全国各族人民全面建成社会主义现代化强国、实现第二个百年奋斗目标，以中国式现代化全面推进中华民族伟

马鞍山上远望鲸海（今称日本海）

大复兴"。

中国式现代化是人与自然和谐共生的现代化。"万物各得其和以生,各得其养以成。"在中国传统文化中,很早就有了人与自然和谐共生的思想。

生态保护是为历史、为未来去做的大事,是对历史负责、对民族负责、对人民负责。

东北虎

　　过去一段时期,在"经济赶超"的进程中,中国生态退化比较严重,致使经济社会发展的环境承载力下降。随着人民群众的生活水平不断提高,保护生态环境、建设美丽中国已经成为发展的题中应有之义。作为世界上生物多样性最为丰富、物种数量最多、特有种比例最高的国家之一,中国已初步形成全方位的生物多样性保护体系,成为全球生态文明建设的重要参与者、贡献者、引领者。建立国家公园体制是新时代中国

东北豹

特色社会主义生态文明建设的重要内容,对于有效保护国家重要自然生态系统的原真性、完整性,促进人与自然和谐共生,具有极其重要的意义。

2017年8月,中国政府在吉林、黑龙江两省的东北虎、东北豹历史天然分布区和最大野生种群分布区建立了东北虎豹国家公园体制试点区,成立东北虎豹国家公园国有自然资源资产管理局(东北虎豹国家

雪岱山顶

公园管理局），这是我国第一个中央直属的国有自然资源资产管理机构和国家公园管理机构。2021年9月30日，国务院批复同意设立东北虎豹国家公园；10月12日，东北虎豹国家公园被列入第一批国家公园名单，作为习近平生态文明思想的重要实践成果之一载入新中国的发展史册。

东北虎豹国家公园地处中俄朝三国交界地带,地理坐标为北纬42°38′45″~44°18′36″、东经129°05′01″~131°18′52″,国土面积1.41万平方公里,地跨吉林和黑龙江两省。其中,吉林省涉及面积9557平方公里,占虎豹公园总面积的68%;黑龙江省涉及面积4508平方公里,占总面积的32%。包括珲春、汪清、图们等6个县(市),涵盖19

个自然保护地与81个国有林场,森林覆盖率96.6%。公园内分布着中国规模最大、唯一具有繁殖谱系的野生东北虎、东北豹种群,是温带森林生态系统的典型代表,肩负着保护以东北虎、豹为旗舰物种的生态系统,实现生态保护与经济社会协调发展、人与自然和谐共生的重要使命。

天桥岭 秃老婆顶火山遗迹

东北虎豹国家公园内分布有高等植物54科147属884种,野生脊椎动物约37目96科226属397种。其保存了温带森林最完整、最典型的野生动植物种群,拥有中国境内极为罕见的由大型到中小型动物构成的完整食物链,是名副其实的物种基因库和天然博物馆。亿万年来,这些万千生灵遵从古老的生存法则繁衍生息,呈现着互惠相依、谨慎避让的

生存智慧。

虎和豹已有八九千年的进化史，在中华民族悠久的文化历史中占据了极其重要的地位，一直是力量与权力的象征。

东北虎，又叫西伯利亚虎，是重要的虎亚种之一，主要分布在俄罗斯远东和我国东北林区，被列为"世界十大濒危动物之一"，目前野外种群数量仅存不到500只。东北豹属金钱豹东北亚种，是目前世界上最为濒危的大型猫科动物亚种之一，被世界自然保护联盟（IUCN）濒危物种红色名录列为极危物种，其野生数量只有100只左右。

100多年前，我国东北林区曾出现过"众山皆有虎"的盛况，但进入20世纪后，由于人为活动的增加，森林被砍伐，东北虎豹种群萎缩。在1998—1999年进行的中美俄三国专家联合调查中，仅发现少量东北虎豹的痕迹，判断当时中国境内东北虎仅存12~16只、东北豹7~12只。

从20世纪末开始，我国逐步停止了森林砍伐，同时严惩偷猎盗猎，重视植被恢复，建立自然保护地，东北虎豹栖息地生态环境逐步改善，野生种群逐渐得到恢复。2014—2015年，中俄两国边境不足4000平方千米的区域，至少生存着38只野生东北虎和91只野生东北豹，已超出资源承载力的3倍。这个区域的北部是湿地和铁路、公路等人类生活设施，东部和南部毗邻海洋，这里成了它们的生存孤岛。该东北虎豹种群已

进入繁殖高峰期和种群快速增长期，向中国内陆迁移扩散成为它们的唯一出路。

就在这个黄金窗口期，中国政府做出了建设东北虎豹国家公园的战略决策。自2017年开始，在全社会的共同努力下，虎豹公园保护了90%以上的虎豹栖息地，使野生东北虎豹的进入、定居、繁殖和扩散通道都

西伯利亚狍

西伯利亚狍

黄喉貂

东北梅花鹿

黄鼬

珲春河

中华秋沙鸭

得到了系统保护，生态过程更加完整，野生虎豹种群得到快速恢复。据2023年底监测数据显示，东北虎豹国家公园内的野生东北虎、东北豹数量已由2017年的27只、42只分别增至50只、60只以上，野猪、梅花鹿、狍等有蹄类动物种群数量也得到成倍增长，东北虎豹国家公园重现"众

图们江

蛤蟆河

瑚布图河

侧金盏花

桂皮紫萁

人参

山皆有虎"的盎然图景，中国温带森林生态系统的原真性和完整性悄然回归。

东北虎豹国家公园是中国的，也是世界的。为了将这些多彩而又灵动的生命之美展现给大家，东北虎豹国家公园管理局联合北京影像生物调查所，历时2年多，走遍虎豹公园山川田野、沟谷湿地，行程万余公里，拍摄照片2万余张，视频2万余条，引经据典，分类著述，编辑出版

东北红豆杉

了这本《东北虎豹国家公园自然观察手册》，以此展现东北虎豹国家公园的野性之美和原生之魅。

本手册精选照片700余张，全部为东北虎豹国家公园实地拍摄，共涉及野生动植物209科547种。其中哺乳动物15科28种，鸟类52科200种，两栖爬行动物8科14种，鱼类9科14种，昆虫及其他节肢动物82科191种，植物43科100种，基本涵盖了东北虎豹国家公园常见的动植物种类。本书既是一本开展自然教育和科普宣传的教科书，又是生物多样性的宣传画册，也可作为保护巡护人员学习查阅的工具书。

由于水平有限，手册中难免有错误疏漏之处，如有发现，恳请斧正。北华大学林学院夏富才教授，沈阳师范大学生命科学学院张春田教授及研究生杨慧、张雅惠帮忙审阅了部分书稿，特此感谢。

但愿翻阅此书，您能爱上虎豹公园，爱上东北虎豹，爱上美丽的大自然！

东北虎豹国家公园管理局

2024年3月

目 录
CONTENTS

001　哺乳动物

004　虎
005　豹
006　豹猫
008　猞猁
009　貉
010　赤狐
012　棕熊
013　东北黑熊
014　黄鼬
015　狗獾
016　紫貂
017　水獭
018　黄喉貂
019　斑海豹
022　松鼠
026　花鼠
028　黑线姬鼠
029　棕背䶄
032　西伯利亚狍
036　獐

038　梅花鹿
039　东北马鹿
040　野猪
041　长尾斑羚
042　原麝
043　东北刺猬
046　东北兔
048　长白山鼠兔

051　鸟

076　鹌鹑
　　　环颈雉
　　　花尾榛鸡
　　　大天鹅
078　鸿雁
　　　豆雁
　　　白额雁
　　　灰雁
080　赤麻鸭
　　　翘鼻麻鸭
　　　鸳鸯

　　　赤膀鸭
082　绿头鸭
　　　斑嘴鸭
　　　琵嘴鸭
　　　针尾鸭
084　绿翅鸭
　　　白眼潜鸭
　　　凤头潜鸭
　　　鹊鸭
086　斑头秋沙鸭
　　　中华秋沙鸭
　　　普通秋沙鸭
　　　蚁䴕
088　星头啄木鸟
　　　小星头啄木鸟
　　　小斑啄木鸟
　　　棕腹啄木鸟
090　白背啄木鸟
　　　大斑啄木鸟
　　　三趾啄木鸟
　　　灰头绿啄木鸟
092　戴胜

	三宝鸟		黑腹滨鹬		普通鵟
	普通翠鸟		红颈瓣蹼鹬	122	大鵟
	蓝翡翠	108	蛎鹬		毛脚鵟
094	白喉针尾雨燕		黑翅长脚鹬		金雕
	雕鸮		反嘴鹬		红隼
	纵纹腹小鸮		灰斑鸻	124	红脚隼
	短耳鸮	110	长嘴剑鸻		灰背隼
096	普通夜鹰		金眶鸻		燕隼
	岩鸽		环颈鸻		猎隼
	山斑鸠		东方鸻	126	游隼
	珠颈斑鸠	112	凤头麦鸡		小䴙䴘
098	灰鹤		灰头麦鸡		凤头䴙䴘
	白胸苦恶鸟		黑尾鸥		普通鸬鹚
	小田鸡		西伯利亚银鸥	128	白鹭
	黑水鸡	114	红嘴鸥		苍鹭
100	骨顶鸡		黑嘴鸥		草鹭
	针尾沙锥		普通燕鸥		大白鹭
	中杓鹬		灰翅浮鸥	130	池鹭
	白腰杓鹬	116	白翅浮鸥		绿鹭
102	大杓鹬		凤头蜂鹰		夜鹭
	鹤鹬		黑鸢		黄苇鳽
	红脚鹬		白尾海雕	132	大麻鳽
	泽鹬	118	虎头海雕		白琵鹭
104	青脚鹬		秃鹫		黑鹳
	白腰草鹬		白腹鹞		东方白鹳
	林鹬		白尾鹞	134	牛头伯劳
	翘嘴鹬	120	日本松雀鹰		红尾伯劳
106	矶鹬		雀鹰		楔尾伯劳
	长趾滨鹬		苍鹰		松鸦

136	灰喜鹊		普通䴓			灰鹡鸰	
	喜鹊		黑头䴓			树鹨	
	星鸦		欧亚旋木雀		166	水鹨	
	达乌里寒鸦	152	鹪鹩			领岩鹨	
138	秃鼻乌鸦		中华攀雀			棕眉山岩鹨	
	小嘴乌鸦		沼泽山雀			燕雀	
	渡鸦		大山雀		168	金翅雀	
	黑枕黄鹂	154	北长尾山雀			黄雀	
140	黑卷尾		崖沙燕			白腰朱顶雀	
	太平鸟		家燕			长尾雀	
	褐河乌		金腰燕		170	普通朱雀	
	红尾斑鸫	156	烟腹毛脚燕			北朱雀	
142	灰背鸫		红胁绣眼鸟			红交嘴雀	
	白眉鸫		苍眉蝗莺			白翅交嘴雀	
	白腹鸫		黑眉苇莺		172	红腹灰雀	
	斑鸫	158	厚嘴苇莺			锡嘴雀	
144	蓝矶鸫		褐柳莺			三道眉草鹀	
	灰纹鹟		黄腰柳莺			栗耳鹀	
	乌鹟		棕头鸦雀		174	小鹀	
	北灰鹟	160	震旦鸦雀			田鹀	
146	白眉姬鹟		蒙古百灵			黄喉鹀	
	红喉姬鹟		短趾百灵			灰头鹀	
	红喉歌鸲		小云雀				
	蓝喉歌鸲	162	角百灵		**177**	**两栖爬行动物**	
148	红胁蓝尾鸲		麻雀				
	北红尾鸲		山鹡鸰		178	东北林蛙	
	北椋鸟		白鹡鸰		180	黑龙江林蛙	
	紫翅椋鸟	164	黄头鹡鸰		181	黑斑侧褶蛙	
150	灰椋鸟		黄鹡鸰		182	中华大蟾蜍	

183 东方铃蟾	215 **昆虫及其他节肢动物**	日本条螽
184 极北鲵		短额负蝗
186 棕黑锦蛇		252 迭球螋
188 赤峰锦蛇	238 暗唇四节蜉	斑须蝽
190 白条锦蛇	暗色蛇纹春蜓	褐真蝽
194 红纹滞卵蛇	吉林棘尾春蜓	红足真蝽
195 乌苏里蝮	东亚异痣蟌	254 辉蝽
196 胎蜥	240 大赤蜻褐顶亚种	宽碧蝽
198 丽斑麻蜥	大黄赤蜻	全蝽指名亚种
199 黄纹石龙子	方氏赤蜻	斯氏珀蝽
	普赤蜻	256 紫蓝曼蝽
201 **鱼**	242 秋赤蜻	白斑地长蝽
	竖眉赤蜻	扁盾蝽
	线痣灰蜻	大鳖负蝽
204 真鲚	费蜢	258 斑楔齿爪盲蝽
棒花鱼	244 薄翅螳	淡尖苜蓿盲蝽
鲫鱼	中华大刀螳	条赤须盲蝽
206 麦穗鱼	黄胫小车蝗	中黑苜蓿盲蝽
中华细鲫	条纹异爪蝗	260 黑头苜蓿盲蝽
雷氏七鳃鳗	246 亚洲小车蝗	绿色柽盲蝽
208 北方须鳅	云斑车蝗	环斑猛猎蝽
黑龙江中杜父鱼	长翅幽蝗	青革土蝽
北方花鳅	东方蝼蛄	262 环角娇异蝽
210 青鳉	248 华北蝼蛄	稻棘缘蝽
乌鳢	长瓣树蟋	斑红长蝽
黄黝鱼	油葫芦	黄尖胸沫蝉
212 子陵吻虾虎	日本蚱	264 鞘圆沫蝉
纹缟虾虎鱼	250 暗褐蝈螽	东北丽蜡蝉
	秋掩耳螽	黑腹直脉曙沫蝉

	窗耳叶蝉	280 圆胸短翅芫菁	296 绿带翠凤蝶
266	大青叶蝉	豆长刺萤叶甲	丝带凤蝶
	鹅耳眼小叶蝉	榆紫叶甲	蓝灰蝶
	黑点片角叶蝉	滨尸葬甲	298 亮灰蝶
	片头叶蝉	282 多斑草蛉	暗红眼蝶
268	绿胸片头叶蝉	汉优螳蛉	白眼蝶
	拟隐脉叶蝉	刘氏蝎蛉	山地白眼蝶
	柔雅小叶蝉	284 凹带优蚜蝇	300 蛇眼蝶
	小贯小绿叶蝉	李拖尾锦斑蛾	宁眼蝶
270	锥头叶蝉	白蜡绢须野螟	白钩蛱蝶
	梭毒隐翅虫	棉塘水螟	白矩朱蛱蝶
	窄锐胸隐翅虫	286 豆荚野螟	302 紫闪蛱蝶
	布氏扁胫步甲	橙斑庶尺蛾	北冷珍蛱蝶
272	谷婪步甲	赤线尺蛾	布网蜘蛱蝶
	毛婪步甲	288 单小姬尺蛾	大红蛱蝶
	直角婪步甲	普滨尺蛾	304 黄钩蛱蝶
	考氏粪金龟	曲紫线尺蛾	孔雀蛱蝶
274	芽斑虎甲	云南松涧纹尺蛾	链环蛱蝶
	短毛斑金龟	290 直脉青尺蛾	柳紫闪蛱蝶
	多色异丽金龟	菜粉蝶	306 绿豹蛱蝶
	龟纹瓢虫	淡色钩粉蝶	青豹蛱蝶
276	六斑异瓢虫	东北粉蝶	曲纹银豹蛱蝶
	马铃薯瓢虫	292 东方菜粉蝶	史氏绢斑蝶
	七星瓢虫	东亚豆粉蝶	308 西冷珍蛱蝶
	十斑裸瓢虫	黑纹粉蝶	小红蛱蝶
278	异色瓢虫	莫氏小粉蝶	小环蛱蝶
	大卫鬼锹甲	294 欧洲粉蝶	荨麻蛱蝶
	黑角伞花天牛	柑橘凤蝶	310 伊诺小豹蛱蝶
	双簇污天牛	金凤蝶	丝网蜘蛱蝶

	黑弄蝶		黄颜食蚜蝇		乌苏里瓦韦
	链弄蝶	326	印度细腹蚜蝇		红皮云杉
	直纹稻弄蝶		长尾管蚜蝇	356	偃松
312	白背冠翅蛾		羽芒宽盾蚜蝇		樟子松
	尖突窄纹卷蛾		狭腹毛管蚜蝇		五味子
	麻小食心虫	328	丝光绿蝇		大花卷丹
	中华绢娥		星斑蛾蠓	358	大油芒
314	竹纹枯叶蛾		日本弓背蚁		稗
	红云翅斑螟		瘦姬蜂		球序韭
	黄边美苔蛾	330	戈氏地蜂		野韭
	榆黄足毒蛾		一枝黄花地蜂	360	水莎草
316	透目大蚕蛾		黄边胡蜂		翼果薹草
	后黄黑边天蛾		斯马蜂		玉蝉花
	雀斜纹天蛾	332	西方蜜蜂		舞鹤草
	庐山鹿铗夜蛾		地熊蜂	362	玉竹
318	银锭夜蛾		富丽熊蜂		鸭跖草
	庸肖毛翅夜蛾		红光熊蜂		黄芦木
	艾蒿滑羽蛾	334	黄斑园蛛		宽苞翠雀花
	离斑指突短柄大蚊		全沟硬蜱	364	单穗升麻
320	淡色库蚊		蚰蜒		齿叶铁线莲
	平菇厉眼蕈蚊				棉团铁线莲
	广虻				展枝唐松草
	黄虻	337	**植物**	366	驴蹄草
322	河北毛食虫虻				弯枝乌头
	鬼针长唇实蝇	352	木贼		草芍药
	短腹管蚜蝇		问荆		落新妇
	钝黑斑眼蚜蝇		蕨	368	钝叶瓦松
			东北蹄盖蕨			
324	黑带蚜蝇	354	香鳞毛蕨		狼爪瓦松
	黄环粗股蚜蝇		东北多足蕨		山刺玫

	山里红	386 无梗五加
370 山楂		软枣猕猴桃
	毛山楂	四叶葎
	露珠草	388 兔儿尾苗
372 月见草		地笋
	尖叶铁扫帚	麻叶风轮菜
	达乌里黄芪	藿香
374 斜茎黄芪	390 香薷
	野火球	细叶益母草
	山野豌豆	沟酸浆
376 野豌豆		山罗花
	黄心卫矛	392 松蒿
	南蛇藤	东北凤仙花
	刺蓼	翠菊
378 戟叶蓼	394 一年蓬
	两栖蓼	草地风毛菊
	红蓼	大刺儿菜
380 长鬃蓼		盘果菊
	辽东桤木	396 狼耙草
	茶条枫	屋根草
	花楷枫	蒌蒿
382 鹅肠菜		野艾蒿
	长柱蝇子草	398 尖裂假还阳参
	盐地碱蓬	碱菀
	狭叶当归	野菊
384 大齿山芹		长裂苦苣菜
	蛇床	400 蒙古马兰
	泽芹	山马兰
	东北土当归	腺梗豨莶

	线叶旋覆花
402 一枝黄花
	岩败酱
	桔梗
404 聚花风铃草
	紫斑风铃草
	荇菜

哺乳动物

哺乳类动物是一类拥有乳腺、能够哺育幼仔的动物。它们的主要特征包括胎生、体温恒定、拥有发达的神经系统和感觉器官。常见的哺乳类动物有狗、猫、牛、羊、猪、马等家畜，以及老虎、狮子、熊、大象等野生动物。

哺乳类动物的体形、生活习性、食性等方面差异很大，但它们的身体结构和生活习性都适应了各自的生活环境。例如，老虎和狮子是肉食性动物，拥有锋利的牙齿和爪子，擅长捕猎；而牛和羊等草食性动物则拥有适合咀嚼植物的牙齿和强健的消化系统。

此外，哺乳类动物在社会行为方面也十分丰富多样。有些动物，如狼和猴子，会形成复杂的社群结构，通过合作和分工来共同生存和繁衍后代。

总的来说，哺乳类动物是一类多样性丰富、适应性强的动物群体，它们在地球的生态系统中扮演着重要的角色。

《中国生物物种名录》2024版收录哺乳动物694种。

本手册根据实地影像调查，收录哺乳动物15科28种。

虎
Panthera tigris

食肉目　CARNIVORA
猫科　Felidae

特征　虎是世界上最大的猫科动物，雄性头体长189~300厘米，体重100~260千克，最高可达300千克以上；雌性头体长146~177厘米，体重75~177千克；尾长72~109厘米。体表具明显的黑色条纹，极易辨识。虎的体形健壮，四肢粗壮有力，头部宽大且尾巴较长。其体表毛色的底色为锈黄色至橘黄色或浅棕红色，但腹部、四肢内侧和尾巴腹面的底色为白色或污白色。从背部至体侧有众多的黑色细条纹，并延伸至四肢和腹部，眼上部通常有一块白色区域，两耳背面各具一个明显的白斑。尾巴粗壮，长于头体长之半，尾上具黑色环纹。

习性　独居，夜行性动物。主要在夜间活动，白天则多在树荫下或灌木丛中休息。具有强大的捕猎技巧，捕猎时常常采取打埋伏的方式。

环境　活动在远离人类居住区、地势平缓、冬季积雪较浅的成熟的红松—阔叶混交林和栎树林。

豹
Panthera pardus

食肉目 CARNIVORA
猫科 Felidae

特征 豹是具有斑点花纹的体形最大的猫科动物。雄性体形大于雌性：雄性头体长91~191厘米，体重20~90千克；雌性头体长95~123厘米，体重17~42千克；尾长51~101厘米。豹的整体毛色为浅棕色至黄色或橘黄色，在背部、体侧及尾部密布显眼的黑色空心斑点。腹部和四肢内侧为白色。头部、腿部和腹部分布有实心的黑色斑点。

习性 常常在林中行走、游荡，寻找合适的时机进行捕猎。捕食梅花鹿、狍子、野猪等食草动物，同时还会捕食兔、鸟类、鱼类等。

环境 生活在温带针阔叶混交林。除了森林，东北豹也可能在丘陵、山区和草原等环境中生活。

豹猫
Prionailurus bengalensis

食肉目　CARNIVORA
猫科　Felidae

特征　体形略比家猫大。全身背面体毛为浅棕色，布满棕褐色至淡褐色斑点；胸腹部及四肢内侧白色，尾背有褐色斑点或半环，尾端黑色。

习性　白天多在树洞、土洞、石缝中，夜行性，独栖或成对活动。主要以鼠类、鸟类、蛙类、蜥蜴、蛇等为食。擅爬树、游泳。

环境　各种山林和村镇郊野。

猞猁
Lynx lynx (Linnaeus. 1758)

食肉目　CARNIVORA
猫科　Felidae

特征　猞猁为身体壮实的中等体形猫科动物，雄性头体长76~148厘米，体重12~38千克；雌性头体长85~130厘米，体重13~21千克；尾长12~24厘米。基本毛色为沙黄色至灰棕色，并分布有黑色或暗棕色的斑点。与其他猫科动物相比，猞猁的四肢比例较长。

习性　典型的夜行性动物，它们在夜间最为活跃，白天则大部分时间都在休息或睡觉，主要在一些植被比较茂密或隐秘的场所躲藏，比如树洞或石缝中。主要以狍子、鹿等为食，同时也会捕食小型哺乳动物、鸟类和鱼类等。

环境　其栖息生境极富多样性。它们主要栖息在高寒地区的山脉、森林和草原等地带。

貉
Nyctereutes procyonoides

食肉目　CARNIVORA
犬科　Canidae

特征　体形似狐,但更肥胖,吻部和耳均较短。眼上下各具1条黑纹,面颊具疏松长毛。体背灰棕色,染黑褐色毛尖,底绒厚密。腿短,浅黑色。尾短而毛蓬松。

习性　夜行性,白天隐于洞穴。食物很杂,包括各种鼠类、鱼、昆虫、瓜果、谷物和蔬菜。能攀爬树木。一夫一妻制,组建永久的繁殖对,2—3月交配,春末夏初产仔5~10只。

环境　阔叶林中溪流附近、开阔草甸、灌丛、芦苇地、农耕地旁。

赤狐
Vulpes vulpes

食肉目　CARNIVORA
犬科　Canidae

特征　体形纤长。吻尖而长，鼻骨细长，额骨前部平缓，中间有一狭沟，耳较大，高而尖，直立。四肢较短，尾较长，略超过体长之半。尾形粗大，覆毛长而蓬松，躯体覆有长的针毛，冬毛具丰盛的底绒。耳背之上半部黑色，与头部毛色明显不同，尾梢白色。足掌长有浓密短毛。具尾腺，能施放奇特臭味。

习性　杂食者，主食鼠类、兔类，也食鸟蛋、小型两栖爬行类及野果。夜行性，行动敏捷。喜欢单独活动。

环境　适应环境广泛，森林、高山、丘陵、平原及村庄附近、城郊皆可栖息。

棕熊
Ursus arctos

食肉目　CARNIVORA
熊科　Ursidae

特征　棕熊为体形壮硕的熊科动物，雄性头体长160~280厘米，体重135~725千克；雌性头体长140~228厘米，体重55~277千克；尾长6.5~21厘米。棕熊是在我国分布的体形最大的陆生食肉目动物。棕熊的毛色多变，包括灰黑色、棕黑色、深棕色、棕红色、浅棕黄色及灰色，偶见白化个体。棕熊是全世界熊科动物中分布范围最广的物种。

习性　棕熊是典型的冬眠动物。食物来源广泛。它们主要以植物性食物为主，如草本植物、浆果、坚果、根茎、蜂蜜等。然而，它们也会捕食动物性食物，如小型哺乳动物、鱼类、昆虫等。

环境　棕熊能在各种环境中生存，从森林到山地，甚至沼泽地带。

东北黑熊
Ursus thibetanus ussuricus

食肉目　CARNIVORA
熊科　Ursidae

特征　体长约120~190厘米，体重约100~250千克。体毛黑亮而长，下颌白色，胸部有一块"V"形白斑。头圆，耳大，眼小，吻短而尖，鼻端裸露，足垫厚实，前后足具5趾，爪尖锐不能伸缩。

习性　冬眠，善爬树、游泳；视觉差，嗅觉、听觉灵敏；杂食性。

环境　栖息于阔叶林和针阔混交林中。

黄鼬
Mustela sibirica

食肉目 CARNIVORA
鼬科 Mustelidae

特征 体长22~42厘米，体重0.5~1.2千克；体形细长，四肢短，颈长，头小；体色浅红褐色至暗褐色，逐渐过渡到淡黄褐色的腹部；面部和吻部暗褐色，唇周围及鼻孔下缘白色。

习性 多在夜间活动，在植被茂盛的地方也会在白天活动；独居，食性杂，主要捕食小型兽类，以鼠类为主食，也吃鸟卵及幼雏、鱼、蛙和昆虫，居于石洞、树洞和倒木下。

环境 栖息于山地和平原，见于林缘、河谷、灌丛中，也常出没在村庄附近。

狗獾
Meles leucurus

食肉目　CARNIVORA
鼬科　Mustelidae

特征　体长50~70厘米，尾长13~20厘米，体重9~12千克。体形矮胖，吻部突出，毛色棕黑色至黑褐色。头部至颈部有独特的白色纵纹，其中两条位于面颊两侧，另一条位于头部正中央，自鼻尖至枕后，与黑色的过眼纵纹和喉部形成强烈的对比。四肢短而强壮有力，爪发达，适于掘土。

习性　适应性强，栖息于森林、灌丛、草原、草甸等多种生境。食性庞杂的机会主义者，取食各种小型动物和植物果实、块茎等。

环境　栖息于低海拔林灌交界地带及低山丘陵的草原地带。

紫貂

Martes zibellina

食肉目　CARNIVORA
鼬科　Mustelidae

特征　紫貂为中等体形的鼬类，头体长35~56厘米，尾长11.5~19厘米，雄性体重0.7~1.8千克，雌性体重0.7~1.6千克。身体较为粗壮，尾较为蓬松，尾长约为头体长的1/3。整体毛色从浅黄褐色到黑褐色，头部略淡呈灰白色；四肢与尾毛色更深；喉部至前胸多为淡黄色至浅橘黄色。冬毛长而柔软、光滑，夏毛更短更粗糙，毛色更深。耳廓大而圆，较为明显。

习性　紫貂通常独居，没有固定的窝穴。它们善于攀树，行动敏捷灵巧，多活动于密林深处。

环境　主要栖息于海拔800~1600米的针阔叶混交林和亚寒带针叶林中。

水獭
Lutra lutra

食肉目　CARNIVORA
鼬科　Mustelidae

特征　水獭为躯体较长而截面滚圆、四肢短小、尾巴粗壮的大型鼬科动物，雄性头体长60~90厘米，体重6~17千克；雌性头体长59~70厘米，体重6~12千克；尾长33~47厘米。全身被有厚实浓密的体毛。身体、四肢与尾巴的毛色为棕灰色至咖啡色，腹面与喉部较背部毛色更浅，呈污白色或白色。头部宽扁而圆，吻部较短。双耳较小，耳廓不明显。四肢相对身体显得短小，脚趾间具蹼，爪较为发达。尾巴呈锥形，粗壮有力。

习性　它们的巢穴通常建在岸边洞穴或树根下。在夜间，水獭会出来活动，进行觅食和其他生活行为。食性广泛，主要以鱼类、甲壳类、贝类等水生动物为食，也会捕食蛙类、昆虫等其他食物。

环境　主要生活在河流、湖泊、溪流等水域，以及海岸线附近的沼泽和湿地。

黄喉貂
Martes flavigula

食肉目　CARNIVORA
鼬科　Mustelidae

特征　黄喉貂为大型鼬科动物，头体长45~65厘米，尾长37~45厘米，体重1.3~3千克。具有一条显眼的粗大尾巴，尾长可达头体长的70%~80%。与其他鼬科动物相比，黄喉貂四肢相对身体的比例较长。黄喉貂具有鲜亮的独特毛色，易于识别。头部、枕部、臀部、后肢和尾巴为黑色至棕黑色，而喉部、肩部、胸部和前肢上部则为对比显著的亮黄色。

习性　昼行性动物，多在晨昏活动，跳跃行走，视觉、听觉发达，行动敏捷，善于攀爬树木陡岩。巢穴多筑于树洞或石洞中。

环境　栖息生境多样，可见于低海拔松林、栎树林，高海拔的针叶林、雪松林等。

斑海豹
Phoca largha

食肉目　CARNIVORA
海豹科　Phocidae

特征　雄性成体比雌性长，成兽体长1.51~1.76米。没有明显的颈部，没有外耳廓，前肢较小，后肢较大而呈扇状。触须浅色，呈念珠状。被毛较少，其颜色因年龄不同而异。

习性　洄游性的动物，每年的春季与冬季会洄游到中国的渤海、黄海北部一带。主要以鱼类和头足类为食，如鱿鱼、章鱼等，食量很大。

环境　栖息在海水、河水、浮冰、泥沙滩、岩礁和沼泽地，并经常选择在环境清净的水边、有杂草和芦苇丛生的岸滩上集群。

松鼠
Sciurus vulgaris

啮齿目　RODENTIA
松鼠科　Sciuridae

特征　别名北松鼠，我国北方常见的日行性树栖动物。冬季皮毛背部灰色或棕色，腹部浅白色，耳尖有竖直的长毛簇。夏季皮毛背部黑色或棕黑色，耳无毛簇，但尾毛长且浓密。

习性　不冬眠，以种子等为食，常将食物储藏在树洞或分散埋藏在浅穴或枯枝下。

环境　栖居在北方常绿森林中，亦可见于城市园林。

花鼠
Tamias sibiricus

啮齿目　RODENTIA
松鼠科　Sciuridae

特征　头部至背部毛呈黑黄褐色,正中一条为黑色,自头顶后部延伸至尾基部。外两条为黑褐色,最外两条为白色,均起于肩部,终于臀部。尾毛上部为黑褐色,下部为橙黄色,耳廓为黑褐色,耳边为白色。背毛黄褐色,臀部毛橘黄色或土黄色,因背上有5条黑色纵纹,俗称五道眉花鼠。

习性　杂食性,白天主要在地面活动,晨昏之际最活跃,善爬树,但树上活动少。

环境　生境广泛,针叶林、阔叶林、针阔混交林以及灌木丛较密的地区都有。

黑线姬鼠
Apodemus agrarius

啮齿目　RODENTIA
鼠科　　Muridae

特征　背毛浅黄棕色到浅红棕色，通常有细窄的浅黑棕色背中线。腹毛浅灰白色与背毛相对，但不形成明显分界线。尾接近或短于头体长，上面浅棕色，下面更淡。
习性　吃种子和某些昆虫。昼行性。繁殖从3月到11月，每胎1~10仔。
环境　农业区、草地原野和开阔林地，通常低于1000米。

棕背䶄
Craseomys rufocanus

啮齿目　RODENTIA
仓鼠科　Cricetidae

特征　在䶄类中，属于个体较大的种类。体长100~122毫米。尾中等，27~35毫米，约为体长的1/3，比例大于红背䶄。身体背面棕红色。侧面颜色显著淡，腹毛黄白色。

习性　夜间活动频繁，白天也偶有所见，并且不冬眠。主要以植物为食，同时也会取食一些鞘翅目、直翅目昆虫以及一些小动物如蛙类。

环境　居住在林内的枯枝落叶层中，在树根处或倒木旁经常能发现其洞口，有时还利用腐烂的树干洞作巢。

西伯利亚狍
Capreolus pygargus

偶蹄目　ARTIODACTYLA
鹿科　Cervidae

特征　体长0.95~1.35米，肩高0.67~0.78米，尾长2~3厘米，体重15~30千克；角短。眼大，耳短，宽而圆，内外均被毛。四肢较长，后肢略长，蹄狭长，尾短，隐于体毛内。

习性　主要在晨昏时分活动，白天则较少出现，它们常常三五成群地在林区出没。主要以灌木的嫩枝、芽、树叶，各种青草，小浆果和蘑菇为食。

环境　多选择在阴凉的树荫下或清凉的河边休息。

獐

獐
Hydropotes inermis (Swinhoe. 1870)

偶蹄目　ARTIODACTYLA
鹿科　Cervidae

特征　獐为小型鹿类，头体长90~105厘米，体重14~17千克。四肢粗壮，尾极短。浑身体毛为棕黄色，浓密粗长，腹部、颈部、臀部毛色较浅。两性均无角。雄性上犬齿长而侧扁，向下突出口外形成明显的獠牙。

习性　独居或成双活动，最多时也只有5只在一起。它们行动时常为蹿跳式，迅速而敏捷。獐生性胆小，两耳直立，感觉灵敏，善于隐藏，并且善于游泳。

环境　分布于中国，尤其是东南和东北地区，也可见于朝鲜。它们主要栖息于河岸、湖边、湖中心草滩、海滩芦苇或茅草丛生的环境。

梅花鹿
Cervus nippon

偶蹄目 ARTIODACTYLA
鹿科 Cervidae

特征 梅花鹿是体表特征独特的大中型鹿类，头体长105~170厘米，雄性（60~150千克）体形明显大于雌性（45~60千克）。鹿类动物中幼仔体表普遍存在浅色斑点，而梅花鹿是成体仍保留有这些斑点的少数鹿类之一。其整体毛色为亮红色至红棕色，在背部和体侧具显眼的白色斑点。腹面白色。冬毛厚实而色深；夏毛较短，毛色更亮，体表的白色斑点更为明显。成年雄性长有一对大型鹿角，雌性不长角。

习性 集群生活，每群通常由数头至数十头不等。主要在清晨和黄昏时分活动觅食，白天则选择在树林或较隐蔽的地方休息。它们的活动范围在5~15公里之间，并且常在离水源不远和食物较多的地方活动。

环境 在亚洲东部有着广泛的分布，特别是在中国东北、小兴安岭、长白山区等地区的森林和草原。

东北马鹿
Cervus elaphus

偶蹄目 ARTIODACTYLA
鹿科 Cervidae

特征 是大型鹿类动物,身体壮实,足蹄宽大。雄性个体(体长175~265厘米,体重200~320千克)明显大于雌性(体长160~210厘米,体重110~135千克)。东北马鹿夏季毛色为红棕色,冬季毛色为棕灰色至暗棕色。夏毛短而粗糙,冬毛长而厚密。腹部及四肢毛色较浅,在背部中央有一条深色背中线。在仲夏至秋季的发情求偶期,成年雄性的颈部可见长而蓬松的鬃毛。雌雄个体均具有一块大型的臀斑,毛色浅黄色至锈棕色。成年雄性长有强壮的大型鹿角,雌性不具角。

习性 生活习性随季节和繁殖期变化而有所不同。在生茸期,公鹿会选择独居在山林深处,以避免敌害。而在配种期,公鹿和母鹿会混居在一起,此时公鹿之间争夺配偶的行为尤为激烈。

环境 栖息在山地的混交林带或森林草场。

野猪
Sus scrofa

偶蹄目　ARTIODACTYLA
猪科　Suidae

特征　身体壮实的猪科动物，体形与家猪相似而头吻部更长，体表被毛长而浓密。体色变化较大，从深灰色、棕色至灰黑色。成年个体背及颈部有长鬃毛。成年雄性下犬齿显著延长且粗壮外翻，形成"獠牙"。幼猪体表有棕色和浅黄色相间的纵向条纹，并随年龄增长在第一年中逐渐消失。

习性　杂食动物，群居生活，通常由老母猪及其后代组成，有时一群野猪的数量可以达到10多头甚至更多。它们白天通常不出来走动，主要在早晨和黄昏时分活动觅食，中午时分则进入密林中躲避阳光。

环境　山脚下、林缘、草丛内，以及沼泽、湿地、芦苇丛、蒲草丛等潮湿、低洼地带，作为居住和觅食的场所。

长尾斑羚
Naemorhedus caudatus

偶蹄目　ARTIODACTYLA
牛科　Bovidae

特征　为斑羚属中体形较大者。头体长81~129厘米，尾长14~18厘米，成年雄性体重28~47千克，雌性体重22~45千克。整体毛色为浅灰褐色至灰黑色，冬毛较夏毛更为厚实。四肢上部前侧毛色深，为棕黑色至黑色；下部为浅沙黄色。额部至头部正面毛色深。雌雄均具一对黑色的角（全长12~18厘米），角形纤细，略向后弯曲。双角基部密布环状脊，而中上部表面光滑，末端较尖锐。雌性个体的双角与雄性相比更短更细。

习性　白天和晨昏时分，利用它们敏捷的身体和卓越的攀岩能力在陡峭的山坡上跨越悬岩峭壁。以地衣、常绿植物以及落叶乔木和灌木的叶子为食。

环境　生活环境主要是陡峭多岩石的山区，特别偏好海拔500~2000米的开阔多草山脊。它们栖息于常绿和落叶林中，有时也会出现在裸露的草岭上。

原麝
Moschus moschiferus

偶蹄目 ARTIODACTYLA
麝科 Moschidae

特征 头体长65~95厘米，体重8~12千克。前肢比后肢短，肩部明显低于臀部。体毛深棕色，头颈部偏灰，腰臀两侧有密集浅棕色斑点，背部斑点不清晰。颈前部两侧各有一条白带纹延长至胸部。两性均无角，下颌白色。雄性上犬齿发达，形成突出口外的獠牙。无眶下腺。下腹部有麝香腺囊。蹄端两趾窄尖，悬蹄发达。

习性 性情胆怯而机警，常年在山地的阔叶林、灌木林、针阔叶混交林和针叶林中生活，并随着季节的不同做垂直性的迁移。它们通常在晨昏时分活动较为频繁。

环境 栖息于北方大面积的针阔混交林内。

东北刺猬
Erinaceus amurensis

劳亚食虫目　EULIPOTYPHLA
猬科　Erinaceidae

特征　从普通刺猬/欧洲刺猬中分出独立成种。头、背和体侧覆有长而尖的棘刺，遇敌害时蜷缩成一团。耳短，不露出棘刺之外。

习性　夜行性，取食土壤无脊椎动物，10月进入冬眠。

环境　分布于我国中东部，生活于多样的栖息地，是我国最为常见的刺猬种类。

东北兔
Lepus mandshuricus

兔形目　LAGOMORPHA
兔科　Leporidae

特征　个体中等偏上。体长40~55厘米。体重1.3~2.5千克。特点是黑色色调显著。有些个体略带深锈棕色。耳也较短，不到10厘米，胸部、腹侧和腿上部为肉桂色。腹部白色。耳红褐色。尾背面棕黑色。腹面暗白色。

习性　主要以树皮、嫩枝和木本植物、草本植物为食。

环境　生活环境主要位于海拔300~900米的针阔混交林中。

长白山鼠兔
Ochotona coreana

兔形目　LAGOMORPHA
鼠兔科　Ochotonidae

特征　个体较大。体长约19厘米（18.5~21.5厘米）。身体背面黑褐色；腰背部毛色较深，黑色色调更显。鼻端至头顶中央有一颜色更深的黑褐色色区。腹面淡黄色，一些个体胸部中央有一深褐色带。耳整体颜色较深，背面灰黑色，前面靠边缘有短的白色毛覆盖，其余部分灰黑色。唇周和鼻部为黑色。前后足背面黄白色，一些个体呈枯草黄色。前后足足底灰黑色，爪露出毛外。

习性 善于打洞，建造复杂的地下洞穴系统，用于居住和躲避天敌。主要以莎草科和禾本科等植物为食。

环境 山区的石隙和缝隙是栖息和筑巢场所。

鸟

鸟类是一类具有羽毛、翅膀和喙的脊椎动物，能够飞翔和产卵。它们的体形大小、颜色和外貌特征多种多样，有的娇小玲珑，有的雄伟壮观。鸟类的羽毛不仅能够保持体温，还能帮助它们飞翔和进行求偶展示。

鸟类在生态系统中扮演着重要的角色，它们是食物链中的关键一环。鸟类捕食昆虫、采食种子等活动，有助于控制害虫的数量，促进植物种子的传播和生长。同时，鸟类也是许多文化中的重要符号，被赋予了吉祥、美好和自由的寓意。

在生物学分类上，鸟类可以根据不同的特征进一步分类。例如，可以根据它们的飞行能力、生活习性、食性等进行分类。不同的鸟类也有着各自独特的生活习性和繁殖方式，有的鸟类会进行迁徙，有的则会在固定地区生活繁衍。

总的来说，鸟类是一类多样且神奇的生物，它们的存在不仅丰富了自然界的生物多样性，也为我们人类带来了无尽的欣赏和探索的乐趣。

《中国生物物种名录》2024版收录鸟类1505种。

本手册根据实地影像调查，收录鸟类52科200种。

花尾榛鸡

红脚隼

凤头蜂鹰

琵嘴鸭(雌)

环颈雉

黑翅长脚鹬

灰翅浮鸥

中华攀雀

鹪鹩

黄苇鳽与黑水鸡

游隼

红隼

普通䴓

太平鸟

锡嘴雀

小䴙䴘

苍鹭

苍鹭与鸬鹚

01
鹌鹑
Coturnix japonica

鸡形目　GALLIFORMES
雉科　Phasianidae

特征　体小（18厘米）而滚圆，褐色带明显的草黄色矛状条纹及不规则斑纹，雄雌两性上体均具红褐色及黑色横纹。雄鸟颏深褐色，喉中线向两侧上弯至耳羽，紧贴皮黄色项圈。皮黄色眉纹与褐色头顶及贯眼纹成明显对照。雌鸟亦有相似图纹但对照不甚明显。

习性　常成对而非成群活动。喜农耕区的谷物农田或草地。

环境　主要生活在平原、荒地、溪边和山坡丘陵地带，有时也会靠近耕地活动。繁殖于新疆喀什、天山及罗布泊地区；迁徙时见于西藏南部及东南部。

02
环颈雉
Phasianus colchicus

鸡形目　GALLIFORMES
雉科　Phasianidae

特征　体大［90厘米（雄），58厘米（雌）］，雄鸟头颈墨绿色，脸颊具红色裸皮，头顶银灰色或灰黑色。头后具短羽冠，胸颈处有白色颈环。上背红褐色具灰白色鳞状斑，胸腹红褐色具黑色点斑，两胁黄棕色。雌鸟通体黄棕色，背具深色鳞状斑。

习性　不见于发育较好的森林，多成对或集小群活动。

环境　林间湿地、农田、湖泽、林缘和灌丛，多见于林缘和退化生境。

03
花尾榛鸡
Tetrastes bonasia

鸡形目　GALLIFORMES
雉科　Phasianidae

特征　体小（36厘米）的松鸡。具明显冠羽，喉黑色而带白色宽边。上体烟灰褐色，蠹斑密布。两翼杂黑褐色；肩羽及翼上覆羽，羽缘白色呈条带状。尾羽近褐色，外侧尾羽带黑色次端斑而端白。下体皮黄色，羽中部位带棕色及黑色月牙形点斑。两胁具棕色鳞状斑。

习性　多成对活动。雏鸟数日龄就能飞上树。喜近溪流的稠密桦树及桤木缠结处。

环境　常见于中国东北海拔800~2100米的针叶林区及有森林覆盖的平原地区。

04
大天鹅
Cygnus cygnus

雁形目　ANSERIFORMES
鸭科　Anatidae

特征　体形高大（155厘米）的白色天鹅。嘴黑色，嘴基有大片黄色。黄色延至上喙侧缘成尖。游水时颈较疣鼻天鹅为直。亚成体羽色较疣鼻天鹅更为单调，嘴色亦淡。比小天鹅大许多。

习性　一般成对活动，雏鸟孵出后一直跟随亲鸟，直到迁往越冬地。

环境　栖居于多蒲苇的大型湖泊中，食料较丰富的池塘、水库里也常见到它们的踪迹。

01

02

03

04

01
鸿雁
Anser cygnoid

雁形目 ANSERIFORMES
鸭科 Anatidae

特征 体大（88厘米）而颈长的雁。黑且长的嘴与前额成一直线，一道狭窄白线环绕嘴基。上体灰褐但羽缘皮黄色。前颈白，头顶及颈背红褐色，前颈与后颈有一道明显界线。腿粉红，臀部近白，飞羽黑色。与小白额雁及白额雁区别在于嘴为黑色，额及前颈白色较少。
习性 成群栖于湖泊，并在附近的草地田野取食。
环境 多栖息在大的湖泊、水库、海滨、河口和海湾及其附近草地和农田。

02
豆雁
Anser fabalis

雁形目 ANSERIFORMES
鸭科 Anatidae

特征 体形大（80厘米）的灰色雁。与粉脚雁类似但脚为橘黄色；颈色暗，嘴黑而具橘黄色次端条带。飞行中较其他灰色雁类色暗而颈长。上下翼无粉脚雁或灰雁的浅灰色调。
习性 成群活动于近湖泊的沼泽地带及稻茬地。
环境 广泛分布在我国江河、湖泊及海岸，其在我国的繁殖区仅限于东北北部。

03
白额雁
Anser albifrons

雁形目 ANSERIFORMES
鸭科 Anatidae

特征 体形一般较豆雁稍小些。雌雄体色相似。额和上嘴基部具一白色宽阔带斑，白斑的后缘黑；头顶和后颈暗褐；背、肩、腰等暗灰褐色，各羽边缘较淡，以至近白色；两胁灰褐，羽端近白；肛周及尾下覆羽白色。
习性 白额雁的生活习性与其他雁类一样。每年入秋后成群迁至我国境内。迁移时，多在夜间飞行，抵越冬地区后分散为小群活动。
环境 冬季集大群于适宜的越冬地。

04
灰雁
Anser anser

雁形目 ANSERIFORMES
鸭科 Anatidae

特征 体大（80厘米）的灰褐色雁类。通体灰褐色并具白色和黑褐色细纹，头、胸和下腹颜色较浅，下腹无黑斑，臀及尾下覆羽白色，脚和喙肉色，颜色可与其他雁类区别。
习性 觅食于浅水区，较少与其他雁鸭类混群。
环境 栖息于多水生植物的淡水水域，非繁殖期集成数只到上千只的群体栖息于草地、湖泊、河流、沼泽、农田以及水库。

01
赤麻鸭
Tadorna ferruginea

雁形目　ANSERIFORMES
鸭科　Anatidae

特征　体大（63厘米）橙栗色鸭类。头皮黄。外形似雁。雄鸟夏季有狭窄的黑色领圈。飞行时白色的翅上覆羽及铜绿色翼镜明显可见。嘴和腿黑色。

习性　白天单独或成对停在水中与岸边，有时也集结成数百只的大群。

环境　筑巢于近溪流、湖泊的洞穴。多见于内地湖泊及河流。极少到沿海。

02
翘鼻麻鸭
Tadorna tadorna

雁形目　ANSERIFORMES
鸭科　Anatidae

特征　体大（60厘米）而具醒目色彩的黑白色鸭。绿黑色光亮的头部与鲜红色的嘴及额基部隆起的皮质肉瘤对比强烈。胸部有一栗色横带。雌鸟似雄鸟，但色较暗淡，嘴基肉瘤形小或阙如。亚成体褐色斑驳，嘴暗红，脸侧有白色斑块。

习性　冬季多结群，常集结成数十只以至数百只的大群，栖息于浅水海湾或广阔的海水浸渍处。

环境　营巢于咸水湖泊的湖岸洞穴，极少于淡水湖泊。

03
鸳鸯
Aix galericulata

雁形目　ANSERIFORMES
鸭科　Anatidae

特征　体小（40厘米）而色彩艳丽的鸭类。雄鸟有醒目的白色眉纹、金色颈、背部长羽以及拢翼后可直立的独特的棕黄色炫耀性"帆状饰羽"。雌鸟不甚艳丽——亮灰色体羽及雅致的白色眼圈及眼后线。雄鸟的非婚羽似雌鸟，但嘴为红色。

习性　营巢于树上洞穴或河岸，活动于多林木的溪流。

环境　繁殖于中国东北，但冬季迁至中国南部，虽分布广泛，但种群数量稀少。

04
赤膀鸭
Anas strepera

雁形目　ANSERIFORMES
鸭科　Anatidae

特征　雄鸟为中等体形（50厘米）的灰色鸭。嘴黑，头棕，尾黑，次级飞羽具白斑及腿橘黄色为其主要特征。比绿头鸭稍小，嘴稍细。雌鸟似雌绿头鸭但头较扁，嘴侧橘黄色。

习性　大多出没于丛生水生植物的河流、草原中的小湖以及各种类型水域的沿岸一带；有时结成10~20只的小群，或三三两两在碧波上游荡。清晨和黄昏觅食于田野中。

环境　栖于开阔的淡水湖泊及沼泽地带，极少出现于沿海港湾。

01
绿头鸭
Anas platyrhynchos

雁形目　ANSERIFORMES
鸭科　Anatidae

特征　中等体形（58厘米），为家鸭的野型。雄鸟头及颈深绿色带光泽，白色颈环使头与栗色胸隔开。雌鸟褐色斑驳，有深色的贯眼纹。虹膜褐色；嘴黄色；脚橘黄色。

习性　多见于湖泊、池塘及河口。

环境　栖息于河流、水库、湖泊、水田、池塘、沼泽等绝大多数水域。

02
斑嘴鸭
Anas zonorhyncha

雁形目　ANSERIFORMES
鸭科　Anatidae

特征　体大（58厘米），通体黄褐色，头具深色贯眼纹和下颊纹，上背和两胁具鳞状深褐色斑，翼镜蓝色而泛紫色光泽。虹膜棕褐色；嘴黑色，尖端黄色；脚鲜红色。

习性　繁殖于东北至华东、华中及西南大部的适宜生境，越冬见于长江及以南流域包括台湾和海南，常集群活动。

环境　见于河流、湖泊、水塘、沼泽、水库、滩涂等多种生境。

03
琵嘴鸭
Anas clypeata

雁形目　ANSERIFORMES
鸭科　Anatidae

特征　体大（50厘米）而易识别，嘴特长，末端呈匙形。雄鸟腹部栗色，胸白色，头深绿色而具光泽。雌鸟褐色斑驳，尾近白色，贯眼纹深色。色彩似雌绿头鸭但嘴形清楚可辨。

习性　大都栖息于淡水河旁，多在浅水处把头没于水下，用铲形的嘴获取甲壳动物、鱼卵、蛙、小鱼等，并挖掘泥中的植物为食。平时很少游泳，飞行迅速而有力。

环境　喜沿海的潟湖、池塘、湖泊及红树林沼泽。

04
针尾鸭
Anas acuta

雁形目　ANSERIFORMES
鸭科　Anatidae

特征　中等体形（55厘米）的鸭。尾长而尖。雄鸟头棕，喉白，两胁有灰色扇贝形纹，尾黑，中央尾羽显著延长，两翼灰色具绿铜色翼镜，下体白色。雌鸟暗淡褐色，上体多黑斑；下体皮黄，胸部具黑点；两翼灰，翼镜褐色；嘴及脚灰色。

习性　甚安静。常在水面取食，有时探入浅水。

环境　喜沼泽、湖泊、大河流及沿海地带。

01
绿翅鸭
Anas crecca

雁形目 ANSERIFORMES
鸭科 Anatidae

特征 体小（36厘米）河鸭。雄鸟头至颈深棕色，从眼开始具一宽阔带金黄色边缘的墨绿色眼罩，一直延伸至颈侧，肩羽具一道长条形白色带纹，两胁具蠕虫状细纹，尾下覆羽黑色且两侧具一黄色块斑，翼镜墨绿色，其余体羽灰褐色。雌鸟通体灰褐色，头部颜色较淡并具深色贯眼纹，翼镜墨绿色。

习性 多集大群活动，常与其他小型河鸭混群。

环境 栖息于河流、水库、湖泊、水田、池塘、沼泽、沙洲、潟湖、海湾和滨海等绝大多数水域。

02
白眼潜鸭
Aythya nyroca

雁形目 ANSERIFORMES
鸭科 Anatidae

特征 中小型（40厘米）纯褐色潜鸭。雄鸟除尾下覆羽、下腹及翼镜白色外，其余均为栗褐色，头部具金属光泽，上背呈黑褐色。雌鸟色较浅，似青头潜鸭雌鸟，但两胁少染白色。

习性 潜水觅食，能潜水但持续时间不长，多集几十至数百只群体活动，与其他潜鸭混群。

环境 繁殖期栖息于开阔而水生植物丰富的淡水湖泊、沼泽和水塘等水域，非繁殖期多栖息于水流缓慢或静水的河流、湖泊、河口和水库等水域。

03
凤头潜鸭
Aythya fuligula

雁形目 ANSERIFORMES
鸭科 Anatidae

特征 中等体形（42厘米）、矮扁结实的鸭。头带特长羽冠。雄鸟黑色，腹部及体侧白。雌鸟深褐，两胁褐而羽冠短。飞行时二级飞羽呈白色带状。尾下羽偶为白色。雌鸟有浅色脸颊斑。雏鸟似雌鸟，但眼为褐色。头形较白眼潜鸭顶部平而眉突出。

习性 迁徙时常集成大群，冬季群集亦大。善于游泳和潜水，可潜入水下数米觅食，一般能潜入水中3~5分钟。飞行迅速。

环境 常见于湖泊及深池塘，潜水找食。

04
鹊鸭
Bucephala clangula

雁形目 ANSERIFORMES
鸭科 Anatidae

特征 体形中等（48厘米）的深色潜鸭。头大而高耸，眼金色。繁殖期雄鸟胸腹白色。嘴基部具大的白色圆形点斑；头余部黑色闪绿光。雌鸟烟灰色，具近白色扇贝形纹；头褐色，无白色点或紫色光泽；通常具狭窄白色前颈环。

习性 喜在湖泊、河流结群；与其他种类偶有混群。潜水取食。游泳时尾上翘。

环境 常成小群沿河流进行迁飞。多贴水面飞行。尤喜湖泊与流速缓慢的江河附近的林中溪流与水塘。

01
斑头秋沙鸭
Mergellus albellus

雁形目　ANSERIFORMES
鸭科　Anatidae

特征　体形小（40厘米）而优雅的黑白色鸭。繁殖期雄鸟体白，但眼罩、枕纹、上背、初级飞羽及胸侧的狭窄条纹为黑色。体侧具灰色蠕虫状细纹。雌鸟及非繁殖期雄鸟上体灰色，具两道白色翼斑，下体白，眼周近黑，额、顶及枕部栗色。

习性　喜至小而平静的水池中，巢营于绝壁上，有时亦发现在乔木洞穴内，也有营于其他洞穴中。它有时和普通秋沙鸭在同一地方繁殖。

环境　栖于小池塘及河流，在树洞中繁殖。

02
中华秋沙鸭
Mergus squamatus

雁形目　ANSERIFORMES
鸭科　Anatidae

特征　雄鸟为体大（58厘米）的绿黑色及白色鸭。长而窄、近红色的嘴，其尖端具钩。黑色的头部具厚实的羽冠。两胁羽片白色而羽缘及羽轴黑色并形成特征性鳞状纹。脚红色。胸白而别于红胸秋沙鸭，体侧具鳞状纹，有异于普通秋沙鸭。雌鸟色暗而多灰色。

习性　成对或以家庭为群。潜水捕食鱼类。

环境　出没于湍急河流，有时在开阔湖泊。

03
普通秋沙鸭
Mergus merganser

雁形目　ANSERIFORMES
鸭科　Anatidae

特征　体形略大（68厘米）的食鱼鸭。细长的嘴具钩。繁殖期雄鸟头及背部绿黑色，与光洁的乳白色胸部及下体成对比。飞行时翼白而外侧三级飞羽黑色。雌鸟及非繁殖期雄鸟上体深灰，下体浅灰，头棕褐色而颏白。

习性　相当常见的留鸟和季节性候鸟，喜结群活动于湖泊及湍急河流。潜水捕食鱼类。

环境　通常营巢于紧靠水边的老龄树的天然树洞中，遍布于各种湖泊、山区溪流和低地。

04
蚁䴕
Jynx torquilla

䴕形目　PICIFORMES
啄木鸟科　Picidae

特征　体小（17厘米）的灰褐色啄木鸟。特征为体羽斑驳杂乱，下体具小横斑。嘴形相对短，呈圆锥形。尾较长，具不明显的横斑。虹膜淡褐；嘴角质色；脚褐色。

习性　食物以蚂蚁为主，也吃其他昆虫和甲壳类小动物。不攀树，也不錾啄树干取食。在地面跳跃时尾上翘。飞行迟缓。

环境　栖息于开阔的草地、农田、山坡、村落、林地等生境。

雌

01 a

雌

02 a

雄

01 b

雄

02 b

03

04

01
星头啄木鸟
Dendrocopos canicapillus

䴕形目　PICIFORMES
啄木鸟科　Picidae

特征　体小（15厘米）的黑白啄木鸟。头顶黑褐色，颈侧和上背黑色，后颊褐色，具白色眉纹和下颊纹，胸腹白色染褐，具黑色纵纹，两翼具白色点斑。雄鸟眼后具细红色条纹。

习性　常见单独或成对活动，觅食于树干中上层。

环境　见于中低海拔的平原和山地森林，也见于次生林、人工林和城市园林。

02
小星头啄木鸟
Dendrocopos kizuki

䴕形目　PICIFORMES
啄木鸟科　Picidae

特征　上体自头顶至上背灰褐色；头侧有一赤红色细纹，眉纹及髭纹白色；颈、背侧有白块斑；背中央、肩羽及内侧飞羽为黑白横斑相间状；尾上覆羽及中央尾羽黑色。

习性　性活泼，喜成群生活。经常伴随着山雀等在树林中飞翔。食物主要为昆虫，有时也吃浆果、草籽等。

环境　栖息在茂密的高山密林中，在混交林和阔叶林最易见到。

03
小斑啄木鸟
Dendrocopos minor

䴕形目　PICIFORMES
啄木鸟科　Picidae

特征　体小（15厘米）的啄木鸟。黑色的上体点缀着成排白斑，近白的下体两侧具黑色纵纹。雄鸟顶红，枕黑，前额近白。

习性　飞行时起伏大，常单独活动，以各种昆虫为食。

环境　分布于低山丘陵、山脚平原阔叶林和混交林中。

04
棕腹啄木鸟
Dendrocopos hyperythrus

䴕形目　PICIFORMES
啄木鸟科　Picidae

特征　头顶及项深红色；背部为黑白横斑相间；腰至中央尾羽黑色；外侧一对尾羽白而具黑横斑。贯眼纹及颊白色，下体余部大都呈淡赭石色，仅尾下覆羽粉红色。雌鸟酒红色；上嘴黑，下嘴淡角黄色，且稍沾绿色；跗跖和趾暗铅色，爪暗褐色。

习性　多单个或成对活动，食物以昆虫为主。

环境　见于次生阔叶林、针阔混交林及冷杉苔藓林中。

01
白背啄木鸟
Dendrocopos leucotos

䴕形目　PICIFORMES
啄木鸟科　Picidae

特征　头顶深红色，额具一白横斑；上体除下背白而多少有黑羽缘外，均黑色；肩羽有白点斑，翅黑色，大、中覆羽有白点斑或白色端斑，飞羽外羽片亦具数列点斑。头侧及下体大都白色，腹以下及两侧粉红色并具黑条纹，尾下覆羽红色较深暗。雌鸟头上无红色。嘴黑褐带灰色，下嘴底部转为灰白；跗跖和趾黑褐色。

习性　性甚活跃，常在林中一棵树一棵树地从下到上沿着树干呈螺旋式攀缘，有时甚至沿着树冠的粗枝攀缘，但很少下到地面觅食。

环境　见于平原至海拔1600米的密树林间。

02
大斑啄木鸟
Dendrocopos major

䴕形目　PICIFORMES
啄木鸟科　Picidae

特征　中等体形（22厘米）的黑白色啄木鸟，上背和头黑色，脸颊、喉咙和整个胸腹白色或污白色，翅膀和肩部有两块宽大的白色长条斑纹，翅膀尖端有细白色横纹，雄鸟的后枕有红色。虹膜暗红色；嘴角质灰色；脚青灰色。

习性　常见一只或成对活动，在树干上攀缘啄食昆虫和其他小型无脊椎动物。

环境　分布于阔叶林、针阔混交林和针叶林等多种林相，也见于果园、林场等生境。

03
三趾啄木鸟
Picoides tridactylus

䴕形目　PICIFORMES
啄木鸟科　Picidae

特征　头顶前部黑缀白色，余部丝光稻草黄色；枕黑色；头侧及后颈黑色，眼后有一白条纹，另一白条纹自嘴基经颊下至颈侧，并有一白项带；背部黑色，杂以白色；腰黑色；尾黑色。

环境　喜生活在阴暗、潮湿的针叶林内。

04
灰头绿啄木鸟
Picus canus

䴕形目　PICIFORMES
啄木鸟科　Picidae

特征　中等体形（30厘米），头和下体整个都为灰色，上背和尾巴橄榄绿色，头上眼睛前面和下脸颊有黑色细线，雄鸟的头顶为红色。

习性　多见单独或成对活动，于林下啄食果实、昆虫、蚂蚁等。

环境　栖息于阔叶林、针阔混交林和针叶林，也见于林缘。

01
戴胜
Upupa epops

犀鸟目　BUCEROTIFORMES
戴胜科　Upupidae

特征　中等体形（30厘米），前半身棕黄色，后半身包括翅膀具黑白色相间的横纹；头部具特征性的棕色羽冠，张开似扇子；嘴黑色，尖长，稍稍下弯。

习性　多见单独或三两只活动，用细长嘴在地面钻掘寻找蝼蛄、蚂蚁等食物，不甚怕人。

环境　栖息于开阔的草地、农田、山坡、村落、荒地等生境。

02
三宝鸟
Eurystomus orientalis

佛法僧目　CORACIIFORMES
佛法僧科　Coraciidae

特征　中等体形（30厘米）的深色佛法僧。具宽阔的红嘴（亚成鸟为黑色）。整体色彩为暗蓝灰色，但喉为亮丽蓝色。飞行时两翼中心有对称的亮蓝色圆圈状斑块。

习性　喜欢静立于光秃的枝头，也喜到火烧过的树林的枯树上、林间开阔地的零散树木上沐浴阳光。

环境　常栖于近林开阔地的枯树上。

03
普通翠鸟
Alcedo atthis

佛法僧目　CORACIIFORMES
翠鸟科　Alcedinidae

特征　体小（16厘米）的蓝色和橘红色的翠鸟。头顶、下颊和两翼翠蓝色而具小蓝色点斑，背及尾天蓝色，眼先、眼后和胸腹橘红色，耳羽和喉部白色。

习性　以小型鱼类为主要食物，几乎适应各种有鱼类生存的水域，于分布区的北部为夏候鸟。

环境　多见单独或成对栖息于河流、湖泊、鱼塘、沼泽、水渠、稻田、池塘等各种有水生境。

04
蓝翡翠
Halcyon pileata

佛法僧目　CORACIIFORMES
翠鸟科　Alcedinidae

特征　体大（30厘米）的蓝色、白色及黑色翡翠鸟。以头黑为特征。翼上覆羽黑色，上体其余为亮丽华贵的蓝色/紫色。两胁及臀沾棕。飞行时白色翼斑显见。

习性　栖于悬于河上的枝头。

环境　喜大河两岸、河口。

01
白喉针尾雨燕
Hirundapus caudacutus

雨燕目　APODIFORMES
雨燕科　Apodidae

特征　体大（20厘米）的偏黑色雨燕。颏及喉白色，尾下覆羽白色，三级飞羽具小块白色；背褐，上具银白色马鞍形斑块。
习性　在森林及山脊飞行迅速，有时低飞于水上取食昆虫。
环境　栖息在海拔1800~2000米的岩壁上。

02
雕鸮
Bubo bubo

鸮形目　STRIGIFORMES
鸱鸮科　Strigidae

特征　体长59~73厘米的大型鸮类。雌雄相似。体大而壮。成鸟头部灰褐色，棕黄色面盘较显著，具明显深褐色耳羽簇。胸部、腹部黄褐色具深褐色纵纹，胸部纵纹较腹部纵纹更加显著。
习性　夜行性为主，主要以鼠类为食。
环境　常栖息于山地森林、平原、荒野、疏林、裸露的高山和峭壁等地带。

03
纵纹腹小鸮
Athene noctua

鸮形目　STRIGIFORMES
鸱鸮科　Strigidae

特征　体小（22厘米），全身灰褐色，头顶具细白色小点斑，上背具白色点斑，头扁圆，具粗的白色眉纹、白色的喉部和领部，眼睛黄色，胸腹白色但有粗密的棕褐色纵纹，因此而得名。
习性　多在白天和晨昏活动的小型猫头鹰，主要以鼠类和昆虫为食，多以家族为单位活动。
环境　栖息在丘陵、林缘、平原、荒漠、草原多隐蔽物的开阔和半开阔环境。

04
短耳鸮
Asio flammeus

鸮形目　STRIGIFORMES
鸱鸮科　Strigidae

特征　中等体形（38厘米）的黄褐色鸮鸟。翼长，面庞显著，短小的耳羽簇于野外不可见，眼为光艳的黄色，眼圈暗色。上体黄褐，满布黑色和皮黄色纵纹；下体皮黄色，具深褐色纵纹。飞行时黑色的腕斑显而易见。
习性　常能在白昼看见，但是在阳光下飞行不稳定。夜间多食田鼠，白天多食昆虫。
环境　多见于开阔平原草地、沼泽和湖岸地带。

01

02

03

04

01
普通夜鹰
Caprimulgus indicus

夜鹰目　CAPRIMULGIFORMES
夜鹰科　Caprimulgidae

特征　中等体形（28厘米）的偏灰色夜鹰。外侧四对尾羽具白色斑纹。雌鸟雄鸟外形相似，但白色块斑呈皮黄色。虹膜褐色；嘴偏黑；脚深褐色。

习性　具有非常好的保护色。常在夜间活动，捕食空中的昆虫，白天蹲伏在草地或树枝上。

环境　栖息于开阔的山区森林及灌丛。

02
岩鸽
Columba rupestris

鸽形目　COLUMBIFORMES
鸠鸽科　Columbidae

特征　中等体形（32厘米），全身石板灰色，下腹较白，颈侧有绿色光泽，胸部有紫色光泽，上背和翅膀灰色较淡，翅膀有两道黑色条纹，极像原鸽，但是尾巴和腰部有白色横带。虹膜暗红色；嘴黑色；脚鲜红色。

习性　多集群活动，主要以植物种子和农作物为食。

环境　栖息在山区的陡峭悬崖和岩壁，也飞至河谷和农田觅食。

03
山斑鸠
Streptopelia orientalis

鸽形目　COLUMBIFORMES
鸠鸽科　Columbidae

特征　中等体形（32厘米）的偏粉色斑鸠。与珠颈斑鸠区别在于颈侧有带明显黑白色条纹的块状斑。上体的深色扇贝斑纹体羽羽缘棕色，腰灰，尾羽近黑，尾梢浅灰。下体多偏粉色，脚红色。

习性　成对生活，以植物果实、种子以及残留农作物为食，取食于地面。

环境　栖息于开阔农耕区、村庄及林缘周围。

04
珠颈斑鸠
Spilopelia chinensis

鸽形目　COLUMBIFORMES
鸠鸽科　Columbidae

特征　中等体形（30厘米）的粉褐色斑鸠。后颈两侧具黑白珍珠状斑点，上背粉褐色具黑褐色鳞状斑，下体粉褐色，尾下覆羽白色。

习性　相对其他斑鸠与人的共生性更强，以植物果实、种子以及残留农作物为食，取食于地面。

环境　多成对活动于疏林、林缘、果园、村庄、农田、城市公园甚至路边绿化带。

01
灰鹤
Grus grus

鹤形目　GRUIFORMES
鹤科　Gruidae

特征　成鸟（冬羽）的前头、眼先黑色，披黑色发状羽；头顶裸露，皮肤朱红色，并具稀疏的黑色发状羽；颏、喉、前颈、后颈灰黑色；眼后方、耳羽和颈侧灰白色，在后颈相连，形成倒"人"字形，将灰黑色的后颈和前颈分开；胫的裸出部、跗跖及趾均黑色。

习性　多集群活动、食性很杂。

环境　栖息范围较广泛，不论在丘陵、平原还是在森林等地带都可遇见，但它们从不飞落在树上，平时常见在草原上踱步或徒涉于湖边的浅水中，寻觅食物。

02
白胸苦恶鸟
Amaurornis phoenicurus

鹤形目　GRUIFORMES
秧鸡科　Rallidae

特征　雄性成鸟的头顶、后颈、体侧、背及翅上覆羽均石板灰色，略沾橄榄色；尾上覆羽暗棕褐色；飞羽和尾羽黑褐色，两性相似。

习性　常见单个或成对在秧田或水草丛中活动，若有响动，便立即向前奔跑，钻入草丛。迫不得已才起飞，刚起飞时翅膀扇动较快，但飞行距离不远，约数十米，开始向下滑翔，至稻田中再向前跑。以昆虫和植物种子、谷类为食。

环境　栖息于湖泊边缘、沼泽地、池塘、稻田附近的灌丛和草丛中。

03
小田鸡
Porzana pusilla

鹤形目　GRUIFORMES
秧鸡科　Rallidae

特征　体小（18厘米）的黄褐色秧鸡。头顶黄褐色具黑褐色细纵纹，脸灰色具黄褐色贯眼纹和灰色眉纹，上体至尾黄棕色，具白色和黑色间杂的纵纹，胸腹青灰色，下腹白色具黑色细横纹。

习性　多单独活动于适宜的湿地，性隐蔽，在沼泽行走觅食。

环境　栖息于多水草的芦苇地、沼泽、湖泊和河流，也见于水田。

04
黑水鸡
Gallinula chloropus

鹤形目　GRUIFORMES
秧鸡科　Rallidae

特征　中小体形（30厘米）的黑色秧鸡。通体黑色，尾下覆羽白色，两胁有宽阔的白色斜纹。

习性　多见单独活动，喜游水而不同于大多数秧鸡，活动时尾不停上翘。

环境　栖息于湖泊、沼泽、池塘，常出没于挺水植物或浮水植物丰茂的水域。

01

02 a

亚成

02 b

03

04 a

亚成

04 b

01
骨顶鸡
Fulica atra

鹤形目　GRUIFORMES
秧鸡科　Rallidae

特征　体长（40厘米），全身炭黑色，嘴和前额粉白色。
习性　体形粗壮，冬季喜集大群游弋于水面，比其他秧鸡更擅长游泳，起飞时需要长距离在水面助跑。
环境　栖息于深水湖泊、水库、河流和沼泽。

02
针尾沙锥
Gallinago stenura

鸻形目　CHARADRIIFORMES
鹬科　Scolopacidae

特征　体小（24厘米），比其他沙锥小，全身棕褐色，上背有白色纵纹，前胸浅黄棕色有黑色纵纹，下腹白色两边有褐色横纹，嘴尖长但是比其他沙锥要短，尾巴短小，分开两边的尾羽尖细像针。
习性　常在草原、麦田、稻田和沼泽地带觅食蟋蟀、蛆和其他昆虫。飞行时较滞重，不如扇尾沙锥敏捷。
环境　栖息于湿草地、稻田、沼泽、河滩。

03
中杓鹬
Numenius phaeopus

鸻形目　CHARADRIIFORMES
鹬科　Scolopacidae

特征　体形偏小（43厘米）的杓鹬。眉纹色浅，具黑色顶纹，嘴长而下弯。似白腰杓鹬但体形小许多，嘴也相应短。
习性　通常结小至大群，常与其他涉禽混群。
环境　喜沿海泥滩、河口潮间带、沿海草地、沼泽及多岩石海滩。

04
白腰杓鹬
Numenius arquata

鸻形目　CHARADRIIFORMES
鹬科　Scolopacidae

特征　体大（55厘米）的杓鹬。嘴甚长而下弯；腰白，渐变成尾部色及褐色横纹。与大杓鹬区别在腰及尾较白，与中杓鹬区别在体形较大，头部无图纹，嘴相应较长。
习性　多见单独活动，有时结小群或与其他种类混群。
环境　喜河口潮间带、河岸及沿海滩涂，常在近海处。

01
大杓鹬
Numenius madagascariensis

鸻形目　CHARADRIIFORMES
鹬科　Scolopacidae

特征　体大（63厘米）的杓鹬。全身皮黄色具黑色纵纹，嘴极长至头长的4~5倍，细长且下弯，眼具白色眼圈，飞行时无白色腰部。

习性　以甲壳类、软体动物和蠕虫等为食，集小群觅食于泥滩，嘴深插入泥里寻找食物。

环境　栖息于沿海滩涂、河口、湖泊、沼泽、池塘，也见于草地、水田和养殖塘。

02
鹤鹬
Tringa erythropus

鸻形目　CHARADRIIFORMES
鹬科　Scolopacidae

特征　中等体形（30厘米）的鹬类。头和上体灰色密布白色点斑，具明显白色眉纹，下体白色。繁殖羽通体黑色具白色点斑，眉纹不显。

习性　主要以甲壳类和软体动物为食，集小群活动，较其他鹬类更喜欢在深水游泳。

环境　栖息于湖泊、河岸、沼泽、草地，也见于养殖塘和水田。

03
红脚鹬
Tringa totanus

鸻形目　CHARADRIIFORMES
鹬科　Scolopacidae

特征　中等偏小（28厘米），上体灰褐色，有淡淡的黑色纵纹，夏季尤为明显，翅膀有细的黑色横斑，头有黑色纵纹显得斑驳，下体白色有细黑褐色纵纹。飞行时能看到白色的腰和翅膀后面明显的白色横带。

习性　常见单独或成小群活动，主要以小型水生无脊椎动物为食，惊飞后朝高空飞起又落下，边飞边叫。

环境　栖息于湖泊、沼泽、河流和草地生境。

04
泽鹬
Tringa stagnatilis

鸻形目　CHARADRIIFORMES
鹬科　Scolopacidae

特征　中等体形（23厘米）纤细型鹬类。额白，嘴黑而细直，腿长而偏绿色。两翼及尾近黑，眉纹较浅。上体灰褐，腰及下背白色，下体白。与青脚鹬区别在体形较小，额部色浅，腿相应长且细，嘴较细而直。

习性　通常单只或两三成群，但冬季可结成大群。甚羞怯。

环境　喜湖泊、盐田、沼泽地、池塘并偶尔至沿海滩涂。

01
—
青脚鹬
Tringa nebularia

鸻形目　CHARADRIIFORMES
鹬科　Scolopacidae

特征　中等体形（33厘米），上体浅灰色，背的颜色较偏褐，夏季有黑色点斑，头部脸颜色偏白，其余区域有黑色细纹，下体纯白色。标志性的嘴有一头半长，尖端略微上翘，站姿笔挺显得高挑。

习性　非繁殖季节多见单独或成小群活动，主要以小鱼虾和水生昆虫及幼虫为食，惊飞后发出标志性的叫声。

环境　栖息于河流、湖泊、沼泽和池塘的近水区域。

02
—
白腰草鹬
Tringa ochropus

鸻形目　CHARADRIIFORMES
鹬科　Scolopacidae

特征　中小体形（22厘米），上体深黑褐色，夏季上背有密密的白色小点斑，前胸有黑褐色的胸带，下体纯白色，头上标志性的白色眉纹只位于眼睛的前部，嘴细长，约头长的一倍半，站姿较平。

习性　单独或成对活动，以昆虫、昆虫幼虫、无脊椎动物、鱼虾等为食，惊飞后贴水面飞行，边飞边叫。

环境　栖息于河流、沼泽、湖泊、池塘等湿地生境的近水区域。

03
—
林鹬
Tringa glareola

鸻形目　CHARADRIIFORMES
鹬科　Scolopacidae

特征　体小（20厘米），上身灰褐色，背颜色更偏褐，夏季有密的白色点斑，冬季较不明显，头有明显的白色眉纹，嘴较细短和头等长，脖子和胸部有细纵纹，下体白色，飞起来看得见白色的腰部，站着的时候显得站姿比较直。

习性　多见单独或集小群活动，在水中边走边觅食，以昆虫、昆虫幼虫和水生动物为食，惊飞时边飞边叫。

环境　栖息于河滩、沼泽、湖岸、池塘、水田等环境。

04
—
翘嘴鹬
Xenus cinereus

鸻形目　CHARADRIIFORMES
鹬科　Scolopacidae

特征　中等体形（23厘米）的低矮灰色鹬。嘴长而上翘；上体灰色，具晦暗的白色半截眉纹；黑色的初级飞羽明显；繁殖期肩羽具黑色条纹；腹部及臀白色。飞行时翼上狭窄的白色内缘明显。

习性　喜沿海泥滩、小河及河口，进食时与其他涉禽混群。

环境　繁殖地贯穿欧亚大陆北方苔原地区和泰加林区。4—5月和8—10月的迁徙季节栖息于海滨沙滩、河口、水田、内陆河岸和浅滩。

01
矶鹬
Actitis hypoleucos

鸻形目　CHARADRIIFORMES
鹬科　Scolopacidae

特征　体小（20厘米），上体灰褐色，前胸密布灰褐色纵纹，下体纯白色，嘴相对较细短和头等长，胸侧有标志性的三角形白色块斑。

习性　极其常见但多只见单个或成对活动，尾巴不停上下翘动，被惊飞后多紧贴水面飞行并发出叫声。

环境　见于河流、湖泊、水库、池塘、沼泽、水沟等多种近水的生境。

02
长趾滨鹬
Calidris subminuta

鸻形目　CHARADRIIFORMES
鹬科　Scolopacidae

特征　体小（14厘米）的灰褐色滨鹬。上体具黑色粗纵纹，腿绿黄色。头顶褐色，白色眉纹明显。胸浅褐灰，腹白，腰部中央及尾深褐，外侧尾羽浅褐色。夏季鸟多棕褐色。

习性　单独或结群活动，常与其他涉禽混群。

环境　喜沿海滩涂、小池塘、稻田及其他的泥泞地带。

03
黑腹滨鹬
Calidris alpina

鸻形目　CHARADRIIFORMES
鹬科　Scolopacidae

特征　体小（19厘米）而嘴适中的偏灰色滨鹬。眉纹白色，嘴端略有下弯，尾中央黑而两侧白。与弯嘴滨鹬的区别在腰部色深，腿较短，胸色较暗。与阔嘴鹬的区别在腿较粗，头部色彩单调，仅为一道眉纹。夏羽特征为胸部黑色，上体棕色。

习性　喜沿海及内陆泥滩，单独或成小群，常与其他涉禽混群。进食忙碌，取蹲姿。

环境　迁徙时栖息于河流浅滩、水田、内陆沼泽、河口沙洲、海滨湿地等。

04
红颈瓣蹼鹬
Phalaropus lobatus

鸻形目　CHARADRIIFORMES
瓣蹼鹬科　Phalaropodidae

特征　体非常小（18厘米），嘴细长，体灰色和白色，常见游泳于海上。头顶及眼周黑色；上体灰，羽轴色深；下体偏白；飞行时深色腰部及翼上的宽白横纹明显。飞行似燕。夏羽色深，喉白，棕色的眼纹至眼后而下延颈部成兜围，肩羽金黄。与滨鹬的区别在嘴细并具黑色眼斑。

习性　冬季在海上结大群，食物为浮游生物。甚不惧人，易于接近。有时到陆上的池塘或沿海滩涂取食。

环境　繁殖地在北半球的苔原地带，迁徙几乎遍及各个洲和海洋。迁徙季节栖息于海岛、海湾、内陆湖泊、鱼塘、水泡、淡水沼泽、泥塘、水田等。

01
蛎鹬
Haematopus ostralegus

鸻形目　CHARADRIIFORMES
蛎鹬科　Haematopodidae

特征　中等体形（44厘米）的黑白色鹬，头、颈、上体和上胸纯黑色，胸腹至尾下覆羽纯白色。
习性　多集群活动，在泥滩上行走觅食贝类和软体动物。
环境　栖息于海滩、沙洲、河口、湖泊、水库等生境，也见于水田。

02
黑翅长脚鹬
Himantopus himantopus

鸻形目　CHARADRIIFORMES
反嘴鹬科　Recurvirostridae

特征　体长（35厘米），头顶至后枕为黑色，有的为全白色，翅膀和上背黑色，嘴黑色极细长似针，脚红色特别长像踩高跷。
习性　以软体动物、昆虫幼虫、小鱼虾为食，冬季常集成几十至上百只的越冬群。
环境　栖息于开阔区域的湖泊、池塘、河岸、沼泽。

03
反嘴鹬
Recurvirostra avosetta

鸻形目　CHARADRIIFORMES
反嘴鹬科　Recurvirostridae

特征　中等体形（42厘米），头和后颈黑色，翅膀和肩部有黑色竖条纹，翅膀尖端也为黑色，其余部位全为白色，嘴巴细长似针，尖端有特征性的上翘。
习性　多集小到大群活动，捕食昆虫幼虫、软体动物等，捕食方式独特，用嘴在地面左右来回扫动，游泳能力强。
环境　栖息于沼泽、浅滩、河流和湖泊等生境。

04
灰斑鸻
Pluvialis squatarola

鸻形目　CHARADRIIFORMES
鸻科　Charadriidae

特征　中等体形（29厘米）的鸻类。成鸟繁殖羽下脸，喉至下腹黑色，眉纹沿颈侧至胸侧白色，上体黑色具白色斑纹。非繁殖羽通体白色具黑色鳞状斑，下体污白色。
习性　以水生昆虫、虾、蟹和软体动物为食，多集小群活动，性警惕，飞行快速。
环境　栖息于沿海滩涂、河滩、沙洲、河口、湖岸，也见于沼泽、池塘、农田和草地。

繁殖羽

01
长嘴剑鸻
Charadrius placidus

鸻形目　CHARADRIIFORMES
鸻科　Charadriidae

特征　体形略大（22厘米）而健壮的黑、褐及白色鸻。略长的嘴全黑，尾较剑鸻及金眶鸻长，白色的翼上横纹不及剑鸻粗而明显。繁殖期体羽特征为具黑色的前顶横纹和全胸带，但贯眼纹灰褐而非黑。亚成鸟同剑鸻及金眶鸻。

习性　喜活动于内陆水域附近的沼泽、河滩、田埂上，多单个或3~5只结群活动。

环境　分布于海拔2600米以上。

02
金眶鸻
Charadrius dubius

鸻形目　CHARADRIIFORMES
鸻科　Charadriidae

特征　体小（15厘米），头顶和上背灰褐色，前额白色，有黑色的眼罩和领带，头部有标志性的金黄色眼眶，喉咙至整个下体均为白色，嘴粗短。虹膜黑褐色；嘴灰黑色；脚黄色。

习性　常见单独或成对活动，快速在河滩上行走寻觅昆虫、昆虫幼虫和其他软体动物。

环境　栖息于湖泊、河流、沼泽和农田。

03
环颈鸻
Charadrius alexandrinus

鸻形目　CHARADRIIFORMES
鸻科　Charadriidae

特征　体小（16厘米），繁殖季节雄鸟前额白色，头顶棕红色，有黑色标志性的半领环，上背灰褐色，下体白色，母鸟所有色块均为灰褐色。虹膜黑褐色；嘴黑色；脚黑色。

习性　多单独或集小群活动，快速行走寻找食物。

环境　栖息于河流、湖泊、沼泽等岸边多沙质的生境。

04
东方鸻
Charadrius veredus

鸻形目　CHARADRIIFORMES
鸻科　Charadriidae

特征　体形中等（24厘米）的褐色及白色鸻。嘴短。冬羽胸带宽，棕色；嘴狭，脸偏白；上体全褐，无翼上横纹。夏羽胸橙黄色，具黑色下边，脸无黑色纹。

习性　于多草地区、河流两岸及沼泽地带取食。

环境　栖息于河口、海滩，远离水源的岩石山谷、干旱草原、耕地和砾石平原，冬季出现在海湾、滩涂和海岛。

亚成 01

繁殖羽 02

雌 03 a

繁殖羽 03 b

04

01
凤头麦鸡
Vanellus vanellus

鸻形目　CHARADRIIFORMES
鸻科　Charadriidae

特征　体形略大（30厘米）的黑白色麦鸡。具长窄的黑色反翻型凤头。上体具绿黑色金属光泽；尾白而具宽的黑色次端带；头顶色深，耳羽黑色，头侧及喉部污白；胸近黑；腹白。
习性　常成群活动，善飞行，但飞行速度较慢，两翅迟缓地扇动，飞行高度也不高，以昆虫为食。
环境　栖息于山脚平原和草原地带的湖泊、水塘、沼泽、溪流和农田。

02
灰头麦鸡
Vanellus cinereus

鸻形目　CHARADRIIFORMES
鸻科　Charadriidae

特征　中等体形（35厘米）的灰褐色麦鸡。头颈和上胸铅灰色，上体灰褐色，头具鲜黄色眼圈，下胸黑色，腹部至尾下白色，尾白色具黑色横斑。
习性　成对或集小群活动，飞行振翅缓慢，惊飞发出叫声。
环境　栖息于开阔地带的近水湖泊、河岸、池塘、水田、草地和沼泽等生境。

03
黑尾鸥
Larus crassirostris

鸻形目　CHARADRIIFORMES
鸥科　Laridae

特征　中等体形（48厘米）的鸥类。繁殖羽通体白色，翕部深灰色，尾黑色具细白色端斑。非繁殖羽头顶至颈背具深色细杂纹。
习性　杂食性，主要以鱼虾和软体动物为食，也拣食废弃物。
环境　栖息于沿海滩涂、石崖、草地，也见于湖泊、河流、沼泽和鱼塘。

04
西伯利亚银鸥
Larus vegae

鸻行目　CHARADRIIFORMES
鸥科　Laridae

特征　体长55~67厘米的大型鸥类。雌雄相似。眼睛小，喙粗壮，显得凶悍。幼鸟和第一年冬羽虹膜深褐色，喙基部暗粉色而端部黑色，第二年喙基部色淡并具有深色环带。繁殖期主要捕食鱼类与其他海鸟的卵和幼鸟，冬季取食鱼虾和垃圾场的废弃物。

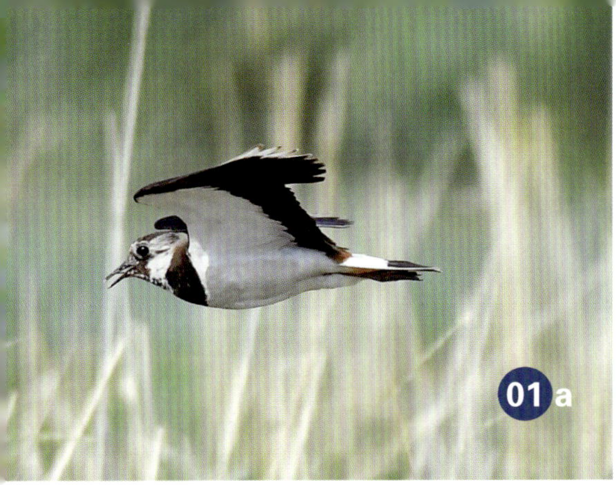
01 a

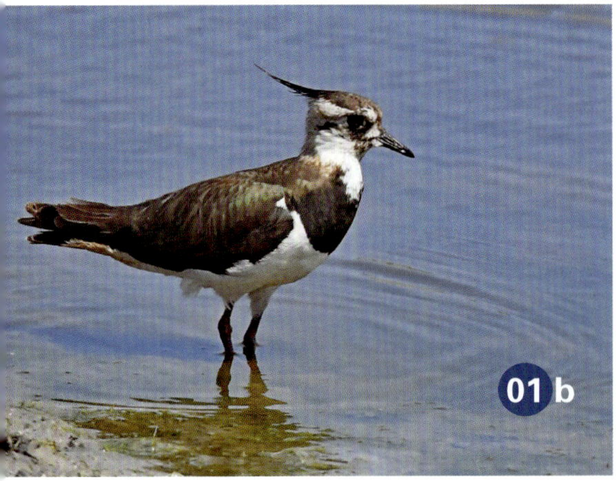
01 b

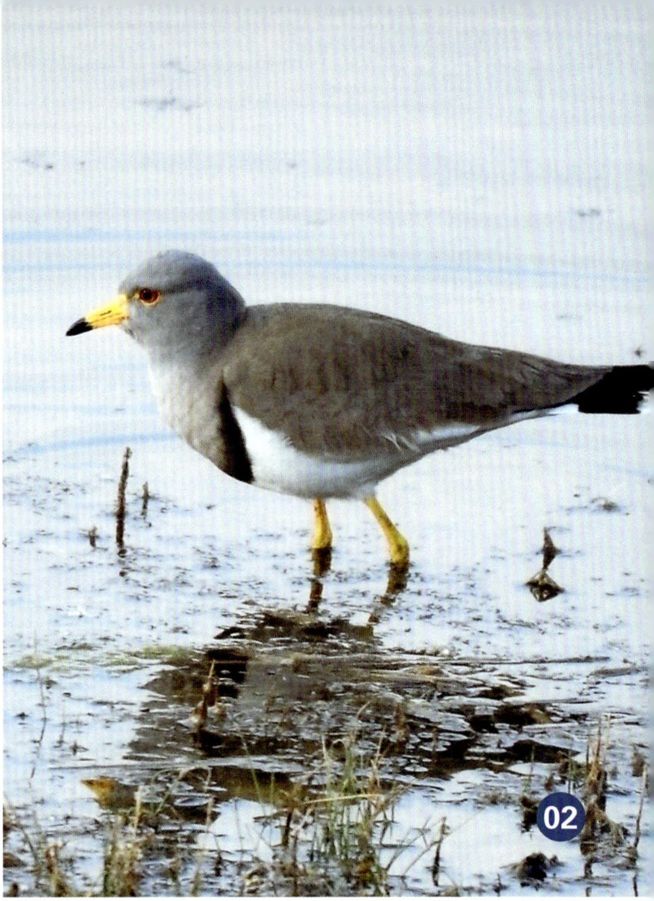
02

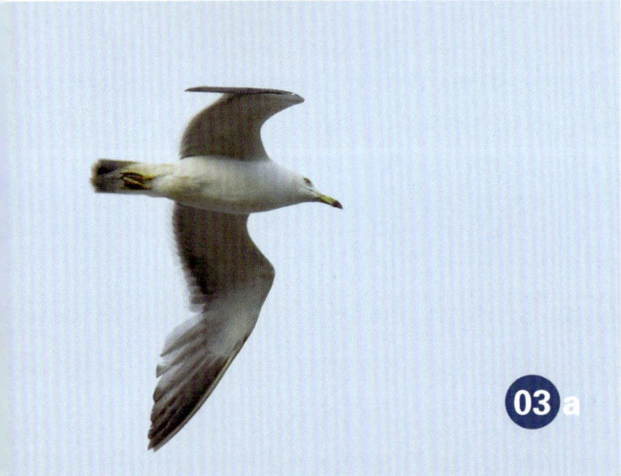
03 a

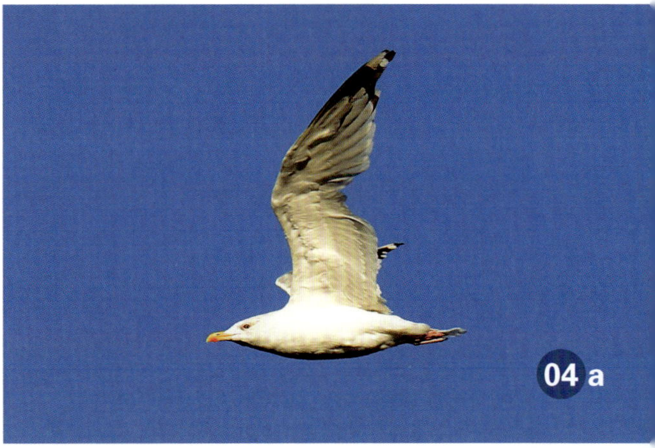
04 a

03 b

04 b

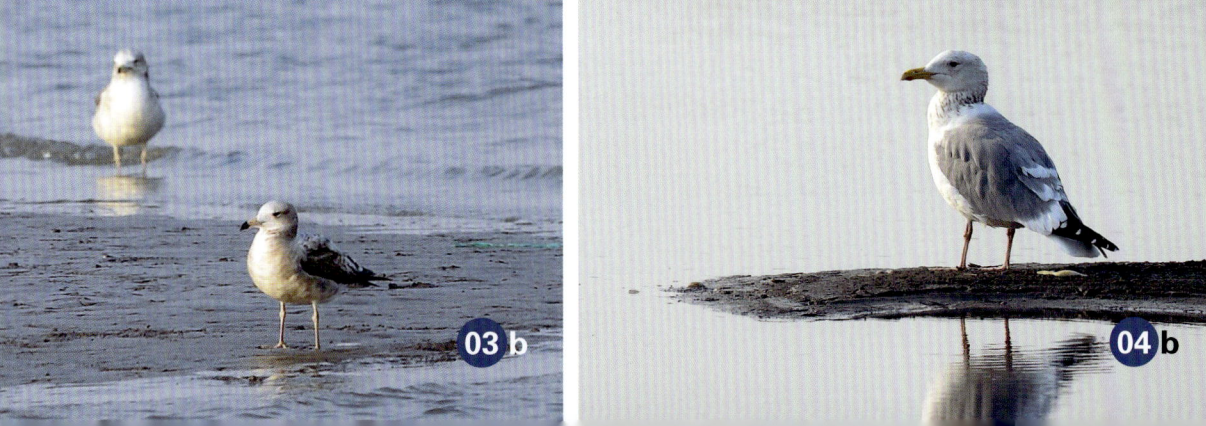

01
红嘴鸥
Chroicocephalus ridibundus

鸻形目　CHARADRIIFORMES
鸥科　Laridae

特征　中等体形（40厘米），夏季头黑棕色，眼睛上有白色眼圈，冬季头白色，耳后有黑色小点，上背浅灰色，翅膀尖黑色，其余白色，尾巴白色呈扇形。

习性　喜欢集大群活动，取食鱼虾、水生昆虫和其他能够吞咽的蛋白质食物。

环境　栖息于河流、湖泊、水塘、水库、沼泽等水域。

02
黑嘴鸥
Chroicocephalus saundersi

鸻形目　CHARADRIIFORMES
鸥科　Laridae

特征　体形偏小（34厘米）的鸥类。繁殖羽具黑色头罩，身体纯白色，翕部灰白色，眼睛的后半部分具白色眼圈。非繁殖羽头顶和后枕有黑色横纹，眼后具黑色点斑。

习性　多集小群活动，主要以水生昆虫、甲壳类和无脊椎动物为食，善飞行而极少游泳。

环境　栖息于沿海滩涂、河口、沼泽和盐碱地，也见于湖泊和养殖塘。

03
普通燕鸥
Sterna hirundo

鸻形目　CHARADRIIFORMES
鸥科　Laridae

特征　中等体形（35厘米），头顶至后枕黑色像戴了黑色的帽子，上背浅灰色，身体其余部分为白色，有时腹部带粉色，翅膀和尾巴又长又尖，飞行时，尾巴能看到明显的分叉，脚细短。

习性　飞行能力强，姿态优雅，常成群繁殖于沼泽和湖泊，习惯悬停在湖面猛扎入水中捕食，以小鱼、虾、昆虫为主要食物。

环境　栖息于沼泽、河流和湖泊周围。

04
灰翅浮鸥
Chlidonias hybrida

鸻形目　CHARADRIIFORMES
鸥科　Laridae

特征　体小（25厘米）的灰色燕鸥。繁殖羽头顶黑色，脸颊白色，上背、下体以及尾部浅灰色，尾略分叉且尾下覆羽白色，下腹黑色。非繁殖羽通体白色，头顶后半部和耳羽黑色，似戴了一副头盔。

习性　多见于内陆淡水湿地，集群营巢，以小鱼虾为食。在中国主要为夏候鸟。

环境　单独或集小群飞行于湖泊、库区、河流、沼泽、稻田的上空。

繁殖羽

01 a

非繁殖羽

01 b

繁殖羽

02

03

繁殖羽

04 a

繁殖羽

04 b

01
白翅浮鸥
Chlidonias leucopterus

鸻形目　CHARADRIIFORMES
鸥科　Laridae

特征　体小（23厘米）的燕鸥。繁殖羽身体黑色，尾羽白色，两翼灰白色。非繁殖羽通体白色，两翼灰白色，头顶至后枕黑色且下延至耳后像戴了一副耳机。

习性　以小鱼、小虾和其他水生动物为食，集群营巢于多水生植物的湿地。

环境　栖息于内陆的湖泊、河流、沼泽、河口及水塘，也见于沿海水域和养殖塘。

02
凤头蜂鹰
Pernis ptilorhynchus

鹰形目　ACCIPITRIFORMES
鹰科　Accipitridae

特征　中大体形（60厘米）的深色鹰。体羽多以棕色和褐色为主，喉浅色而具细纵纹，头部比例显小，羽色多变，上体从深灰到棕色到黑褐色，下体类似纯色或具有纵纹或横纹，翼指6枚，次级飞羽边缘黑色，尾羽具黑色横纹。

习性　主要以蜂蜜、蜂蜡和蜜蜂幼虫为食，也捕食其他小型两栖爬行类和鸟类。因掠食能力较差，常拟态成其他种类的中大型猛禽。

环境　繁殖于东亚和东北亚的森林，也见于林缘和人工林。

03
黑鸢
Milvus migrans

鹰形目　ACCIPITRIFORMES
鹰科　Accipitridae

特征　体形略大（65厘米）的深褐色猛禽。尾略显分叉，飞行时初级飞羽基部具明显的浅色次端斑纹。体形较大，翼上斑块较白。

习性　白天活动，常单独在高空飞翔，捕食小型动物。

环境　栖息于开阔平原、草地、荒原和低山丘陵地带，也常在城郊、村屯、田野、港湾、湖泊上空活动。

04
白尾海雕
Haliaeetus albicilla

鹰形目　ACCIPITRIFORMES
鹰科　Accipitridae

特征　体大（85厘米）的褐色海雕。特征为头及胸浅褐，嘴黄而尾白。翼下近黑的飞羽与深栗色的翼上成对比。嘴大，尾短呈楔形。飞行似鹫。

习性　显得懒散，蹲立不动达几个小时。飞行时振翅甚缓慢。高空翱翔时两翼弯曲略向上扬。

环境　见于河边、湖泊周围及沿海。

01 繁殖羽

02 雄

03

04 a

04 b

01
虎头海雕
Haliaeetus pelagicus

鹰形目　ACCIPITRIFORMES
鹰科　Accipitridae

特征　体长84~91厘米的大型猛禽。雌雄相似。翼宽大，尾较短。成鸟头部、颈部皮黄色，喙部粗大呈黄色。幼鸟整体深褐色；头部颜色较深，喙近黑色；尾羽中央近白色，外缘及末端黑色。国内繁殖于东北。

习性　主要以鱼类为食，尤其是鲑鱼和鳟鱼。此外，它们也会捕食一些鸟类和哺乳动物，包括野鸭、大雁、天鹅等大中型鸟类和野兔、鼠类、狐等中小型哺乳类。

环境　主要栖息于海岸及河谷地带，有时也会沿着河流进入离海较远的内陆地区。

02
秃鹫
Aegypius monachus

鹰形目　ACCIPITRIFORMES
鹰科　Accipitridae

特征　体形硕大（100厘米）的深褐色鹫。具松软翎颌，颈部灰蓝。幼鸟脸部近黑，嘴黑，蜡膜粉红；成鸟头裸出，皮黄色，喉及眼下部分黑色，嘴角质色，蜡膜浅蓝。幼鸟头后常具松软的簇羽，飞行时更易与深色的雕属的雕类相混淆。两翼长而宽，具平行的翼缘，后缘明显内凹，翼尖的7枚飞羽散开呈深叉形。尾短呈楔形，头及嘴甚强劲有力。

习性　以狩猎造成非自然和自然死亡的一些野生或家养有蹄类动物（如牛、羊、兔和猪等）的腐肉为食。

环境　喜欢栖息在低山丘陵、高山荒原、山谷溪流、林缘地带等地方。

03
白腹鹞
Circus spilonotus

鹰形目　ACCIPITRIFORMES
鹰科　Accipitridae

特征　中等体形（50厘米）的深色鹞。雄鸟似鹊鹞雄鸟，但喉及胸黑并满布白色纵纹。雌鸟尾上覆羽褐色或浅色，有别于除白头鹞外的所有种类雌鹞。体羽深褐，头顶、颈背、喉及前翼缘皮黄色；头顶及颈背具深褐色纵纹；尾具横斑。

习性　喜开阔地，尤其是多草沼泽地带或芦苇地。

环境　繁殖于中国东北，冬季南迁至北纬30°以南越冬。于低地甚常见。

04
白尾鹞
Circus cyaneus

鹰形目　ACCIPITRIFORMES
鹰科　Accipitridae

特征　体形略大（50厘米）的灰色或褐色鹞。具显眼的白色腰部及黑色翼尖。雌鸟褐色，领环色浅，头部色彩平淡。深色的后翼缘延伸至翼尖，次级飞羽色浅，上胸具纵纹。

习性　以小型爬行类、昆虫为食，捕食于空旷的地方。

环境　栖息于开阔原野、草地及农耕地。

雄

01

02

03

04

01
日本松雀鹰
Accipiter gularis

鹰形目　ACCIPITRIFORMES
鹰科　Accipitridae

特征　体小（28厘米）的灰色鹰。雄鸟头、上体及尾青灰色，尾具宽阔深色横斑，喉白色，胸腹浅红棕色。雌鸟上体灰褐色，胸腹无红棕色但具褐色横斑。

习性　以小型雀鸟和小型爬行类、昆虫为食，捕食于林缘，飞行迅速。

环境　栖息于山地森林的林缘地带，偏好针叶林和近水源的高大乔木。

02
雀鹰
Accipiter nisus

鹰形目　ACCIPITRIFORMES
鹰科　Accipitridae

特征　中等体形（雄鸟32厘米，雌鸟38厘米）而翼短的鹰。雄鸟上体褐灰，白色的下体上多具棕色横斑，尾具横带。脸颊棕色为识别特征。雌鸟体形较大，上体褐，下体白，胸、腹部及腿上具灰褐色横斑，无喉中线，脸颊棕色较少。

习性　速度快，飞行能力强，主要食物为小型鸟类。

环境　栖息于针叶林、混交林、阔叶林等山地森林和林缘地带。

03
苍鹰
Accipiter gentilis

鹰形目　ACCIPITRIFORMES
鹰科　Accipitridae

特征　体大（56厘米）而强健的鹰。无冠羽或喉中线，具白色的宽眉纹。成鸟下体白色上具粉褐色横斑，上体青灰。幼鸟上体褐色浓重，羽缘色浅成鳞状纹，下体具偏黑色粗纵纹。

习性　林地的鹰类，两翼宽圆，能做快速翻转扭绕。主要食物为鸽类，但也捕食其他鸟类及哺乳动物如野兔。

环境　在温带亚高山森林甚常见。

04
普通鵟
Buteo japonicus

鹰形目　ACCIPITRIFORMES
鹰科　Accipitridae

特征　中等体形（55厘米），全身红褐色，头和身体的比例较小，看上去像嘴巴带钩的鸡头，翅膀从下看去为浅色，但弯折处有褐色斑。虹膜黄褐色；嘴灰黑色；脚黄色。

习性　常见越冬于黄河流域及秦岭—淮河线以南，主要捕食中小型兽类。

环境　多活动于山区环境，也见于丘陵和高原台面，常单独见于开阔地带。

01
大鵟
Buteo hemilasius

鹰形目 ACCIPITRIFORMES
鹰科 Accipitridae

特征 中等偏大（70厘米），身体的颜色多变，从灰棕白色、到棕褐色再到黑色均有，但以棕褐色居多，胸有大块白斑，腹部带棕褐色斑，尾巴下面能看到明显的细横斑，体形比其他鵟都大。

习性 主要捕食大型鸟类和小型兽类，是高原草场鼠兔和旱獭数量的主要控制者之一，常见单独或成对翱翔于空中或停栖在高处寻觅和等待猎物。

环境 栖息于草原、荒野、戈壁、湖畔等开阔地带，也见于林缘。

02
毛脚鵟
Buteo lagopus

鹰形目 ACCIPITRIFORMES
鹰科 Accipitridae

特征 中等体形（54厘米）的褐色鵟。似普通鵟但尾内侧白色，翼角具黑斑，头色浅。有些浅色型普通鵟的尾也色浅，但翼下色也浅。雌鸟及幼鸟的浅色头与深色胸成对比。幼鸟飞行时翼下黑色后缘较少。成年雄鸟头部色深，胸色浅。跗骨被羽。

习性 比普通鵟更常徘徊飞行。飞行时似大型鹞类。

环境 栖于高山暗针叶林及林缘开阔地。

03
金雕
Aquila chrysaetos

鹰形目 ACCIPITRIFORMES
鹰科 Accipitridae

特征 体大（85厘米）的浓褐色雕。头具金色羽冠，嘴巨大。飞行时腰部白色明显可见。尾长而圆，两翼呈浅"V"形。与白肩雕的区别在肩部无白色。亚成鸟翼具白色斑纹，尾基部白色。

习性 捕食雉类、土拨鼠及其他哺乳动物。随暖气流做壮观的高空翱翔。

环境 栖于崎岖干旱平原、岩崖山区及开阔原野。

04
红隼
Falco tinnunculus

隼形目 FALCONIFORMES
隼科 Falconidae

特征 体小（35厘米），雄鸟头灰色，上背红棕色有黑色小斑点，下体棕黄色有黑色纵纹，雌鸟类似但上背棕褐色有粗的黑褐色横斑，翅膀狭长，翅尖黑色。

习性 主要以小型啮齿类、鸟类和昆虫为食，常快速振翅悬停在空中寻找猎物。

环境 多活动于林缘、草原、农田等开阔地带。

01
红脚隼
Falco amurensis

隼形目 FALCONIFORMES
隼科 Falconidae

特征 中小体形（30厘米）的灰色隼。雄鸟头及上体深烟灰色，下体浅灰色，尾下覆羽灰色，下腹及臀羽栗红色，似西红脚隼雄鸟但翼下覆羽为白色，仅飞羽黑色。雌鸟上体深烟灰色而具鳞状横纹，头部灰色而脸颊白色，具深灰色髭纹，颏喉白色，上胸具黑色纵纹，下胸至腹部白色而具黑色矛状横斑，下腹和臀部染棕，尾羽具黑色横斑，翼下覆羽白色且具黑色斑点。
习性 行动敏捷的中小型隼，主要以昆虫和小型啮齿类动物为食，迁徙季节常集群迁徙，可多达数百只，有时也与其他隼类混群。
环境 栖息于有树的开阔生境。

02
灰背隼
Falco columbarius

隼形目 FALCONIFORMES
隼科 Falconidae

特征 体小（30厘米）而结构紧凑的隼。无髭纹。雄鸟头顶及上体蓝灰，略带黑色纵纹；尾蓝灰，具黑色次端斑，端白；下体黄褐并多具黑色纵纹，颈背棕色；眉纹白。雌鸟及亚成鸟上体灰褐，腰灰，眉纹及喉白色，下体偏白而胸及腹部多深褐色斑纹，尾具近白色横斑。飞行侧影如微缩的游隼。西藏亚种（*pallidus*）较其他亚种色浅。
习性 栖于酸沼地及开阔草地。飞掠地面捕捉小型鸟类。
环境 全北界，越冬南迁。

03
燕隼
Falco subbuteo

隼形目 FALCONIFORMES
隼科 Falconidae

特征 中小体形（32厘米）的黑白色隼。雄鸟头顶、眼后黑色且沿枕后与深色上体相连，具白色眉纹，眼下具粗黑色髭纹，脸颊、颏喉及胸腹白色且胸腹具黑色纵纹，上体包括两翼深灰黑色或黑色，下腹、腿及臀羽栗红色。雌鸟似雄鸟但偏褐色，下腹和尾下覆羽也具细黑色纵纹。
习性 多以小型鸟类和昆虫为食，捕食于空中，两翼狭窄而飞行敏捷。
环境 栖息于有稀树和灌木的开阔生境，也见于林缘地带。

04
猎隼
Falco cherrug

隼形目 FALCONIFORMES
隼科 Falconidae

特征 体大（50厘米）且胸部厚实的浅色隼。颈背偏白，头顶浅褐。头部对比少，眼下方具不明显黑色线条，眉纹白。上体多褐色而略具横斑，与翼尖的深褐色成对比。尾具狭窄的白色羽端。下体偏白，狭窄翼尖深色，翼下大覆羽具黑色细纹。翼比游隼形钝而色浅。幼鸟上体褐色深沉，下体满布黑色纵纹。与游隼的区别在尾下覆羽白色。
习性 主要以中小型鸟类、野兔和啮齿类为食。不常见季候鸟。
环境 栖息在平原、干旱草原、荒漠和山地丘陵等生境。

雌

01 a

雄

01 b

雌

02

03

04

01
游隼
Falco peregrinus

隼形目 FALCONIFORMES
隼科 Falconidae

特征 体大（45厘米）而强壮的深色隼。成鸟头顶及脸颊近黑或具黑色条纹；上体深灰具黑色点斑及横纹；下体白，胸具黑色纵纹，腹部、腿及尾下多具黑色横斑。雌鸟比雄鸟体大。亚成鸟褐色浓重，腹部具纵纹。

习性 常成对活动。飞行甚快，并从高空呈螺旋形而下猛扑猎物。为世界上飞行最快的鸟种之一，有时做特技飞行。在悬崖上筑巢。

环境 栖息于开阔地带，如农田、河谷、草地和低山的林缘稀树草坡。

02
小䴙䴘
Tachybaptus ruficollis

䴙䴘目 PODICIPEDIFORMES
䴙䴘科 Podicipedidae

特征 体长23~29厘米的小型䴙䴘。雌雄相似。繁殖羽头部黑褐色，脸部至颈部栗红色，喙基有一显眼的黄白色斑块，胸部、背部黑褐色，胁部至腹部褐色逐渐变浅，非繁殖羽色浅，北方部分地区为夏候鸟。在各种水体繁殖期多单独活动，非繁殖期常结成分散小群活动。善于潜水觅食。

习性 食物主要包括小鱼和水虫，捕食时通常在深水区潜水，偶也在水面寻食。

环境 喜欢栖息于淡水湖泊、沼泽的植物丛中，几乎终生在水中生活，常集群栖住。

03
凤头䴙䴘
Podiceps cristatus

䴙䴘目 PODICIPEDIFORMES
䴙䴘科 Podicipedidae

特征 成鸟（夏羽）体形为䴙䴘类中的最大者。额和头顶均黑；头侧的"羽角"亦黑；上颈具有一圈黑端的棕色羽，形成皱领；眼先和颊白；后颈暗褐；上体余部黑褐；两翅暗褐，杂以白斑；胸侧和两胁淡棕；下体余部白而具光泽。

习性 潜水的能力很强。受惊时从不飞离水面，而是潜入水中。

环境 栖息于低山和平原地带的江河、湖泊、池塘等各种水域中，特别在有浓密的芦苇和水草的湖沼中，数量较多。

04
普通鸬鹚
Phalacrocorax carbo

鲣鸟目 SULIFORMES
鸬鹚科 Phalacrocoracidae

特征 体大（90厘米），全身黑色有辉光，嘴长像鹭但不尖而像老鹰一样带钩，脸颊和喉咙白色，夏季后颊也有白色。

习性 多喜爱集小群到大群活动，嗜吃鱼类，潜水捕鱼，游泳能力极强，常于潜水后站立在水面石块或树桩上张开翅膀晾晒羽毛。

环境 栖息于多鱼类的河流、湖泊、水库等湿地环境的深水区域。

01
白鹭
Egretta garzetta

鹈形目　PELECANIFORMES
鹭科　Ardeidae

特征　中等体形（60厘米）的纯白色鹭。通体白色，眼先有黄色裸皮，繁殖期头后有蓑羽。

习性　多见单独或成小群活动，以小型鱼虾为食，也食蛙类，常与其他鹭类集群繁殖于树林。

环境　活动于河流、湖泊、沼泽、稻田、滩涂、红树林等多种湿地生境。

02
苍鹭
Ardea cinerea

鹈形目　PELECANIFORMES
鹭科　Ardeidae

特征　体大（90厘米），全身灰色，头颈白色，头后枕有黑色的羽冠。

习性　多单独活动，常呆立不动许久等待猎物靠近，营巢于树上。

环境　栖息于水田、湖泊、河流、沼泽等浅水湿地。

03
草鹭
Ardea purpurea

鹈形目　PELECANIFORMES
鹭科　Ardeidae

特征　体大（80厘米）的紫褐色鹭。成鸟头和颈部棕褐色具黑色顶冠纹，后颈和颈侧具黑色纵纹，上体深紫褐色，两翼黑色，未成年鸟体羽偏黄棕色。

习性　多见单独活动，沿水边觅食，营巢于草丛和芦苇中。

环境　栖息于多挺水植物的湖泊、水田、池塘、沼泽、河流等生境。

04
大白鹭
Ardea alba

鹈形目　PELECANIFORMES
鹭科　Ardeidae

特征　体大（95厘米），全身雪白色，嘴尖直，颈部呈特征性的扭结，上下嘴之间的嘴锋末端超过眼睛而不同于其他白色的鹭。

习性　多单只或成小群活动，站立时头常低缩成驼背状。

环境　栖息于河流、湖泊、沼泽等湿地环境。

繁殖羽
01 a

02 a

01 b

02 b

03

04

01
池鹭
Ardeola bacchus

鹈形目　PELECANIFORMES
鹭科　Ardeidae

特征　体形中等偏小（45厘米）的栗色鹭。两翼和下腹部白色。繁殖羽头颈栗褐色，上背和胸黑色，非繁殖羽头颈皮黄色具褐色纵纹，上背土褐色。

习性　多见单独活动，除华南南部外，其余地区为夏候鸟，与其他鹭类混合营巢繁殖。

环境　见河流、稻田、沼泽、湖泊等湿地生境。

02
绿鹭
Butorides striata

鹈形目　PELECANIFORMES
鹭科　Ardeidae

特征　体小（43厘米）的深灰色鹭。成鸟顶冠及松软的长冠羽闪绿黑色光泽，一道黑色线从嘴基部过眼下及脸颊延至枕后。两翼及尾青蓝色并具绿色光泽，羽缘皮黄色。腹部粉灰，颏白。雌鸟体形比雄鸟略小。幼鸟具褐色纵纹。

习性　性孤僻羞怯。结小群营巢。

环境　栖于池塘、溪流及稻田，也栖于芦苇地、灌丛或红树林等有浓密覆盖的地方。

03
夜鹭
Nycticorax nycticorax

鹈形目　PELECANIFORMES
鹭科　Ardeidae

特征　中等体形（60厘米）的灰黑色鹭类。成鸟顶冠至上背黑色，枕后具两条丝状羽，脸颊和胸腹白色，两翼和尾灰白色。幼鸟全身黄褐色，头颈和上背具深色纵纹，两翼具白色点斑。

习性　多夜间觅食，白天集群栖息于树上，与其他鹭类混合营巢。

环境　多成群活动于河流、稻田、湖泊、沼泽等湿地。

04
黄苇鳽
Ixobrychus sinensis

鹈形目　PELECANIFORMES
鹭科　Ardeidae

特征　体小（30厘米）的皮黄色鳽。头和上体棕黄色，顶冠黑色，两翼和尾端黑色。胸腹白色且胸部具黄褐色纵纹。

习性　多见单独或成对活动，较其他苇鳽更容易发现，营巢于芦苇和水草中。

环境　栖息于多挺水植物的河流、沼泽、湖泊和池塘，也常见于水田。

繁殖羽
01

02 a

02 b

03

亚成
04 a

04 b

01
大麻鳽
Botaurus stellaris

鹈形目　PELECANIFORMES
鹭科　Ardeidae

特征　体大（75厘米）的金褐色及黑色鳽。顶冠黑色，颏及喉白，且其边缘接明显的黑色颊纹。头侧金色，其余体羽多具黑色纵纹及杂斑。飞行时具褐色横斑的飞羽与金色的覆羽及背部成对比。

习性　性隐蔽，喜高芦苇。被发现时有时就地凝神不动，嘴垂直上指。有时被赶起见其在芦苇上低低飞过。

环境　栖息于河流、湖泊、池塘的芦苇丛及沼泽地中。

02
白琵鹭
Platalea leucorodia

鹈形目　PELECANIFORMES
鹮科　Threskiorothidae

特征　体大（84厘米）的白色琵鹭。长长的嘴灰色而呈琵琶形，头部裸出部位呈黄色，自眼先至眼有黑色线。与冬季黑脸琵鹭区别在体形较大，脸部黑色少，白色羽毛延伸过嘴基，嘴色较浅。

习性　在水中缓慢前进，嘴往两旁甩动以寻找食物。一般单独或成小群活动；部分夜行性。

环境　喜泥泞水塘、湖泊或泥滩。

03
黑鹳
Ciconia nigra

鹳形目　CICONIIFORMES
鹳科　Ciconiidae

特征　体大（100厘米）的黑色鹳。下胸、腹部及尾下白色，嘴及腿红色。黑色部位具绿色和紫色的光泽。飞行时翼下黑色，仅三级飞羽及次级飞羽内侧白色。眼周裸露皮肤红色。亚成鸟上体褐色，下体白色。

习性　性惧人。冬季有时结小群活动。

环境　栖于沼泽、池塘、湖泊、河流沿岸及河口。

04
东方白鹳
Ciconia boyciana

鹳形目　CICONIIFORMES
鹳科　Ciconiidae

特征　通体大都白色，肩羽较长，黑色，并有紫铜色金属光泽；颈下羽毛呈长矛状。幼鸟羽色和成鸟相似，但肩羽和飞羽羽色较淡，呈褐色，金属光泽亦弱。

习性　非繁殖期大多集群，特别是在迁徙季节，常集成数十只，甚至上百只的大群。寻食时多成对或成小群漫步在水边浅水处或沼泽、草地上，步履矫健轻盈，边走边啄食。

环境　栖息在开阔的、人类干扰较少的僻静原野，特别是河流、湖泊、水泡岸边及其附近草地和沼泽地带，偶尔也到离居民点较近的有稀疏树木生长的农田地带活动。

01

02

03

04

01
牛头伯劳
Lanius bucephalus

雀形目　PASSERIFORMES
伯劳科　Laniidae

特征　眼先、眼下和耳区连成一黑纹；眉斑白色；额、头顶和后头栗红；背、肩、腰和尾上覆羽褐灰，稍沾染有棕色；飞羽黑褐。

习性　站在近巅顶的枝干或草茎上。一见地上有饵，即急飞捕取，而后再返回所栖的树枝上。食物以蝗虫、甲虫及其他昆虫为主，有时亦猎食其他鸟巢中的幼雏。

环境　常栖息于山地林木或灌木间。

02
红尾伯劳
Lanius cristatus

雀形目　PASSERIFORMES
伯劳科　Laniidae

特征　中等体形（20厘米）的纯褐色或灰褐色伯劳。具黑色眼罩和细白色眉纹，头顶至枕灰色或红褐色，上背棕褐色，尾上覆羽红褐色，颏、喉至下体白色。雌鸟似雄鸟但颜色较暗淡，眼罩褐色。

习性　活动于林地的中高层，喜觅食于开阔地带。

环境　栖息于中低山地的疏林、林缘及灌丛。

03
楔尾伯劳
Lanius sphenocercus

雀形目　PASSERIFORMES
伯劳科　Laniidae

特征　体形甚大（31厘米）的灰色伯劳。眼罩黑色，眉纹白，两翼黑色并具粗的白色横纹。比灰伯劳体形大。三枚中央尾羽黑色，羽端具狭窄的白色，外侧尾羽白。

习性　活动于开阔原野的突出树干、灌丛或电线上，捕食小型鸟类和兽类。

环境　栖息于农场或村庄附近。

04
松鸦
Garrulus glandarius

雀形目　PASSERIFORMES
鸦科　Corvidae

特征　体小（33厘米）的粉褐色鸦。通体粉褐色，下颊纹黑色，两翼黑色具蓝色横纹和白色块斑，腰及尾下覆羽白色，尾羽黑色。

习性　多单独或集小群活动，常发出单调的叫声，活动于树冠层。

环境　栖息于有林地的生境，见于阔叶林、针叶林、针阔混交林等多种林相。

雌

01

亚成

02 a

02 b

03

04

01
灰喜鹊
Cyanopica cyanus

雀形目　PASSERIFORMES
鸦科　Corvidae

特征　中等体形（36厘米）全身灰蓝色的喜鹊。具黑色头罩，头部仅颏和喉白色，上背灰色，两翼天蓝色，尾天蓝色且呈楔形，中央尾羽末端白色，胸腹部及尾下覆羽白色。
习性　多成对或集小群活动，性嘈杂。集群营巢于高大的乔木上。
环境　栖息于低山、平原的次生林及人工林中，也见于田野、村落和市区公园。

02
喜鹊
Pica pica

雀形目　PASSERIFORMES
鸦科　Corvidae

特征　中等体形（43厘米）的黑白色鹊鸟。雌雄体羽相似，全身黑色而具蓝绿色光泽，肩部和下腹及两胁白色。
习性　多成对或集小群活动，杂食性，营巢于高大乔木或建筑物。
环境　见于原生林缘至城市大厦的多种生境，是适应力极强的鸦科鸟类。

03
星鸦
Nucifraga caryocatactes

雀形目　PASSERIFORMES
鸦科　Corvidae

特征　体形略小（33厘米）的深褐色而密布白色点斑的鸦。臀及尾角白色，形短的尾与强直的嘴使之看上去特显壮实。
习性　单独或成对活动，偶成小群。栖于松林，以松子为食。
环境　典型的针叶林鸦类，常栖息于亚高山针叶林。

04
达乌里寒鸦
Corvus dauurica

雀形目　PASSERIFORMES
鸦科　Corvidae

特征　成鸟鼻须淡黑但羽轴淡灰或白色，故给人一种灰色的外观。耳羽及眼的上面和下面以及眼后、颈项和后颈淡灰色，腹部以下亦淡白。体羽其余部分黑色；前额、头顶、次级覆羽和次级飞羽具淡蓝紫光泽。幼鸟似雌性，但灰白色部分沾浅黄。
习性　性喜结群，除繁殖期外，常结成数十只至上百只的大群活动，有时也与其他鸦类混群。
环境　栖息于阔叶林、针阔混交林、亚高山灌丛以及高山草甸地带，冬季见于接近居民点的牧场、农田等处。

01
秃鼻乌鸦
Corvus frugilegus

雀形目　PASSERIFORMES
鸦科　Corvidae

特征　成鸟的头、颈、上胸、上翕部具黑色柔软、紧密、丝光似的羽。眼先、头顶和颊部与体色一致，不闪淡蓝色光泽，体羽其余部分全黑。嘴角周围裸露，呈灰白色鳞片状皮肤。虹膜暗褐；嘴（基部裸区除外）、腿、趾黑色。

习性　多三五成小群在农田、道旁、垃圾堆和屠宰场附近觅食，食饱后飞往河边浅水处饮水或停息在附近的杨、柳、槐等树上休息；晚上在村旁或山坡树上过夜。

环境　栖息于平原、丘陵、低山区，中、高山则偶见。

02
小嘴乌鸦
Corvus corone

雀形目　PASSERIFORMES
鸦科　Corvidae

特征　体形稍大（50厘米）的纯黑色乌鸦。通体黑色而泛蓝色光泽，前额较平，喙峰较直。

习性　杂食性，觅食见于城市和村落，非繁殖季入城夜栖。

环境　栖息于低山、丘陵、平原以及河谷的疏林、林缘和田野。

03
渡鸦
Corvus corax

雀形目　PASSERIFORMES
鸦科　Corvidae

特征　成鸟体形最大的全黑色的鸦属物种。凸尾；嘴粗大，嘴峰弯曲。喉和上胸部羽毛长且呈披针状；上喉、颊和上体及初级飞羽外翈具蓝、淡紫蓝和紫色光泽，这种光泽是随不同角度的入射光而变化。后颈羽基淡灰。幼鸟自颏至上胸、颈侧、下腹羽为黑褐，羽片松散。虹膜暗褐；嘴、跗跖和趾黑色。

习性　喜停留在一些残垣破墙的地方和牲畜棚圈处。

环境　于海拔1200~4900米的高山区的牧区较为常见。

04
黑枕黄鹂
Oriolus chinensis

雀形目　PASSERIFORMES
黄鹂科　Oriolidae

特征　中等体形（25厘米）的金色黄鹂。雄鸟具黑色宽贯眼纹并延长至枕后相交，两翼黑色而具黄色羽缘，初级覆羽尖端具黄色块斑，尾羽黑色而两侧尖端黄色，其余体羽鲜黄色。雌鸟似雄鸟但黄色染橄榄色，黑色部分较暗淡。

习性　食虫性，多单独、成对或集小群活动，鸣唱声婉转动听。

环境　栖息于低山或平原的天然林、次生林以及人工林中，也见于农田、荒地、原野、公园以及湖滨的高大乔木林。

01
黑卷尾
Dicrurus macrocercus

雀形目　PASSERIFORMES
卷尾科　Dicruridae

特征　中等体形（28厘米）的蓝黑色卷尾。雌雄同色，通体黑色而泛蓝色光泽，尾长且尖端分叉。似古铜色卷尾但不具古铜色金属光泽，与鸦嘴卷尾区别在于尾分叉较深且尾形也不同。

习性　常单独或成对立于开阔地中的突兀树枝、电线之上，于空中捕食昆虫。

环境　栖息于低山、丘陵以及平原地带。

02
太平鸟
Bombycilla garrulus

雀形目　PASSERIFORMES
太平鸟科　Bombycillidae

特征　雄性成鸟额及头顶前部栗色，愈向后色愈淡，头顶后部及羽冠灰栗褐色；雌性成鸟羽色似雄性但颏、喉的黑色斑较小，并微杂有褐色；初级飞羽羽端的黄色缘较雄鸟小，有的标本呈淡黄或近白色；次级飞羽端的红色蜡突极小；尾端黄色较淡。

习性　主要越冬食物也是针叶树果实以及槐树果实和种子，在繁殖期主要以昆虫为食。

环境　在繁殖期栖息在针叶林或针阔混交林内。

03
褐河乌
Cinclus pallasii

雀形目　PASSERIFORMES
河乌科　Cinclidae

特征　雄鸟通体呈咖啡褐色，背和尾上覆羽具棕红色羽缘；翅和尾黑褐色，飞羽外翈具咖啡褐色狭缘；眼圈白色（常为眼周羽毛遮盖而外观不显著）；下体腹中央色较浅淡，尾下覆羽色较暗。雌鸟形态与雄鸟相似。

习性　一般单个或成对活动，幼鸟离巢后的2周内，成"小家族"集群活动。

环境　终年栖息活动于河流中的大石上或河岸崖壁凸出部，从不到河流两岸树上停落。活动高度在海拔500~2500米或更高的山间河流。

04
红尾斑鸫
Turdus naumanni

雀形目　PASSERIFORMES
鸫科　Turdidae

特征　中等体形（14厘米），体背颜色以棕褐为主，带有锈色；下体白色，在胸部有红棕色斑纹围成一圈，喉部常具有黑色点斑；眼上有清晰的白色眉纹。起飞时，尾羽展开时棕红色。

习性　地栖性，食物以昆虫为主。

环境　栖息于疏林、林缘、沼泽，迁徙季节见于阴湿的林下或茂密的苇丛和荒草下层。

01
灰背鸫
Turdus hortulorum

雀形目　PASSERIFORMES
鸫科　Turdidae

特征　雄性成鸟整个上体大都石板灰色，头部渲染橄榄色，背和腰微沾浅橄榄色；眼先黑褐色；耳羽淡暗褐色，具细的白色羽干纹；两胁暗栗；下胸、腹部中央及尾下覆羽白色，后部微沾栗色。雌性成鸟上体与雄鸟相似，下体亦然，但喉具褐斑，两侧斑点较稠密；胸部淡黄橄榄色，缀以大的三角形羽干斑。

习性　性较机警。雏鸟生长后期，亲鸟对雏鸟的留恋及看护愈强。

环境　栖息地约海拔1300米。

02
白眉鸫
Turdus obscurus

雀形目　PASSERIFORMES
鸫科　Turdidae

特征　雄性成鸟头和颈灰褐色，头顶沾橄榄褐；眼先黑褐；眉纹白色；耳羽黑褐；自背至尾上覆羽橄榄褐；两翅与尾暗褐。颏白；喉灰，具少许黑色斑点；胸与两胁橙棕色；腹和尾下覆羽白色；腋羽和翼下覆羽灰色。雌性成鸟上体呈橄榄褐色；颏、喉白，均具暗褐色纵纹，腋羽和翼下覆羽浅橙黄色沾灰色。其余体羽与雄鸟相似。

习性　主要取食各种鳞翅目、鞘翅目昆虫及其幼虫等。

环境　主要栖息于水库、溪流等水域岸边的林下的灌丛间。

03
白腹鸫
Turdus pallidus

雀形目　PASSERIFORMES
鸫科　Turdidae

特征　雄性成鸟额、头顶、枕等均棕灰褐色，额基褐色较浓；眼先、颊和耳羽黑褐，后者具浅黄白色细纹；上体余部大都橄榄褐色；雌性成鸟和雄性成鸟相似，但头部褐色较浓，喉白具少许褐斑。

习性　迁徙季节常见于海拔1000米以下的低山地带，出没于林缘、耕地和道旁丛林。

环境　在吉林长白山地区主要栖息于海拔1200米以下的针阔混交林中，尤其多在海拔700~1000米的混交林中的河谷与溪流两岸的树林间活动。

04
斑鸫
Turdus eunomus

雀形目　PASSERIFORMES
鸫科　Turdidae

特征　中等体形（24厘米）具黑白色斑点的鸫类。上体橄榄褐色，具粗白色眉纹，颏、喉白色，颈侧至上胸具黑色斑点，两翼红褐色而飞羽黑褐色，下体白色，密布黑色鳞状斑，腹白色，尾羽黑褐色。

习性　常单独或集小群活动，栖息生境多样，冬季也见和其他鸫类混群。

环境　栖息于针叶林、落叶林的林缘和灌丛、草地等生境。

01
蓝矶鸫
Monticola solitarius

雀形目　PASSERIFORMES
鸫科　Muscicapidae

特征　体略大（22厘米）的青蓝色矶鸫。雌雄羽色相异，雄鸟通体青蓝色而具鳞状斑，眼周颜色较深，两翼和尾部黑色，蓝矶鸫菲律宾亚种下胸至下腹和尾下覆羽栗红色。雌鸟通体灰褐色而具鳞状斑，下体浅灰褐色。虹膜黑褐色；嘴黑色；脚角质黑色。

习性　多见单独或成对活动，多栖息于建筑物和多岩地带，体态优雅而行动敏捷。

环境　栖息于多岩的沟谷、山林、灌丛和石滩，也见于村落、屋舍和废旧建筑等生境。

02
灰纹鹟
Muscicapa griseisticta

雀形目　PASSERIFORMES
鹟科　Muscicapidae

特征　体形略小（14厘米）的黑褐色鹟类。雌雄羽色相似，眼先浅色，具白色眼圈和黑褐色下颊纹，头和上体黑褐色，两翼和尾部略染棕色，颏、喉、胸腹和尾下覆羽纯白色，胸部和两胁具显著的黑褐色纵纹。

习性　食虫性，不甚惧人，栖息于植被中层，迁徙季节也见于城市园林、海防林中。

环境　栖息于中低海拔山地的针阔混交林、针叶林的林缘。

03
乌鹟
Muscicapa sibirica

雀形目　PASSERIFORMES
鹟科　Muscicapidae

特征　长11~13.8厘米。成鸟上体乌灰褐色；眼圈白色；下体喉、胸和胁灰褐，杂以白色纵纹，具明显的白色喉斑；腹部中央白色；翅形尖长，幼鸟上体乌褐具皮黄色点斑，下体污白具暗褐色羽缘，呈斑杂状。

习性　单个或3~5只结群活动，觅食昆虫。

环境　栖息于山地稀疏树林或灌丛地带。

04
北灰鹟
Muscicapa dauurica

雀形目　PASSERIFORMES
鹟科　Muscicapidae

特征　体小（13厘米）的灰褐色鹟。雌雄羽色相似，上体灰褐色，具白色眼圈和沿线，颏喉至下体包括尾下覆羽灰白色，胸侧染灰。

习性　多见单独或成对活动，性机警，羽色暗淡而隐蔽，不惧人且喜开阔林地。

环境　栖息于近溪流的落叶阔叶林、针阔混交林和针叶林林下和林缘。

01
白眉姬鹟
Ficedula zanthopygia

雀形目　PASSERIFORMES
鹟科　Muscicapidae

特征　体形略小（13厘米）的黑色、白色和黄色鹟类。雄鸟上体黑色，具宽阔的白色眉纹，两翼具显著的大型白色翼斑，腰羽鲜黄色，颏、喉、胸至上腹鲜黄色，下腹及尾下覆羽白色。雌鸟上体橄榄褐色，腰羽黄色，两翼具明显的白色翼斑，颏、喉、胸及下体黄白色，尾下覆羽白色。

习性　繁殖季节多成对活动，食虫性，迁徙季节也见于苗圃、果园、荒地和园林绿地。

环境　栖息于中低海拔山地的常绿阔叶林和针阔混交林。

02
红喉姬鹟
Ficedula albicilla

雀形目　PASSERIFORMES
鹟科　Muscicapidae

特征　体形较小（12厘米）的褐色姬鹟。雌雄羽色相似，雄鸟繁殖羽上体褐色，眼先浅色，眼圈白色，头部偏灰色，颏、喉橙红色，胸部具灰色胸带，下体至尾下覆羽白色，尾羽黑色且两侧尾羽基部白色。雌鸟体色较淡且颏、喉部为白色，胸腹白色且胸部染灰色。

习性　多见单独或成对活动，迁徙季节见于人工园林、田间绿地和荒地，常停栖于树枝上，取食于植被中下层和地面，常弹尾并伴随发出"te-te"的叫声。

环境　栖息于落叶阔叶林、针阔混交林和针叶林的林缘。

03
红喉歌鸲
Luscinia calliope

雀形目　PASSERIFORMES
鹟科　Muscicapidae

特征　中等体形（16厘米）而丰满的褐色歌鸲。喉红色，具醒目的白色眉纹和颊纹，尾褐色，两胁皮黄，腹部皮黄白。雌鸟胸带近褐，头部黑白色条纹独特。

习性　地栖性，在植被稀少的地区也常下至地面活动。

环境　栖息于森林密丛及次生植被丛中的近溪流处，也活动于村庄附近。

04
蓝喉歌鸲
Luscinia svecica

雀形目　PASSERIFORMES
鹟科　Muscicapidae

特征　中等体形（14厘米）的蓝褐色歌鸲。雄鸟头至上体和腰橄榄褐色，眉纹和下颊纹白色，尾羽黑褐色而两侧基部橙色，喉部至上胸具多变的蓝色、橙色、白色以及黑色环状羽，下胸至尾下覆羽灰白色，两胁染棕色。雌鸟似雄鸟，但喉和胸缺少蓝色和橙色，具黑色髭纹和颈侧鳞状黑纹，喉至胸为灰白色。

习性　地栖性，在植被稀少的地区也常下至地面活动，因鸣声委婉悦耳常被作为笼养鸟而遭大肆捕捉，需加强保护。

环境　栖息于溪流或其他水域附近的阴湿疏林、林缘、沼泽以及荒漠绿洲中，迁徙季节见于阴湿的林下或茂密的苇丛和荒草下层。

01
红胁蓝尾鸲
Tarsiger cyanurus

雀形目　PASSERIFORMES
鹟科　Muscicapidae

特征　体形略小（14厘米）的天蓝色林鸲。雄鸟头、上体、尾和尾上覆羽天蓝色，头具细白色眉纹，颏至尾下覆羽白色，胸部和两胁染灰色，两胁橘红色。雌鸟头和上体浅橄榄褐色，眉纹不明显或呈隐约细长灰白色，喉白色，翅膀同上体颜色且无翼斑，胸及两侧灰褐色，两胁橙黄色，腹灰白色，腰部和尾蓝色。

习性　多单独或成对活动，多见于阴湿的林下，地栖性，隐匿而不甚惧人，觅食于植被中下层，有时与其他小型鸟类混群。

环境　栖息于山地针叶林及针阔混交林。

02
北红尾鸲
Phoenicurus auroreus

雀形目　PASSERIFORMES
鹟科　Muscicapidae

特征　中等体形（15厘米）的深色和栗色红尾鸲。雌雄体色相异，雄鸟顶冠和后枕银灰色，脸、颊、喉及上胸黑色，上背和两翼黑褐色，次级飞羽和三级飞羽基部白色而形成明显的白色三角形翼斑，下背、下胸、腹部至尾下覆羽橘红色，尾羽栗红色而中央尾羽黑褐色。雌鸟头和上体棕褐色，下体浅棕褐色染栗，较其他红尾鸲雌鸟上体和下体颜色对比不明显，翼斑和尾羽特征同雄鸟。

习性　性好奇而不怯人，食虫性，停栖时尾常上下颤动且伴随着点头。

环境　栖息于山地的森林、河谷及林缘，也见于近人居的疏林、灌丛、公园、苗圃和荒地。

03
北椋鸟
Agropsar sturninus

雀形目　PASSERIFORMES
椋鸟科　Sturnidae

特征　体形较小（18厘米）的紫灰色椋鸟。雄鸟头、颈背、下体至尾下覆羽灰白色，后枕具一紫黑色块斑，上背紫色而具光泽，两翼黑色而泛墨绿色光泽，具两道白色翅斑，腰皮黄色，尾上覆羽紫黑色。雌鸟羽色暗淡，上体偏灰色，两翼缺少光泽。

习性　迁徙季节多集小到大群活动，常见停栖于开阔地的树顶和电线上。

环境　栖息于开阔的平原和林地。

04
紫翅椋鸟
Sturnus vulgaris

雀形目　PASSERIFORMES
椋鸟科　Sturnidae

特征　中等体形（21厘米）的闪辉黑、紫、绿色椋鸟。具不同程度白色点斑，体羽新时为矛状，羽缘锈色而成扇贝形纹和斑纹，旧羽斑纹多消失。

习性　结小至大群于开阔地取食。

环境　栖息于湿地，草地树丛中等开阔地。

01 雌

02 a 雌

02 b 雄

02 c 亚成

03 a 雌

03 b 雄

04 非繁殖羽

01
灰椋鸟
Spodiopsar cineraceus

雀形目　PASSERIFORMES
椋鸟科　Sturnidae

特征　中等体形（24厘米）的灰褐色椋鸟。雄鸟前额至头顶以及脸颊白色，具黑色絮状羽，颏部白色，喉至上胸灰黑色并夹杂白色丝状羽，上体和尾部深灰褐色，尾羽末端和腰羽白色，两翼灰黑色而次级飞羽的外侧羽缘灰白色，下体灰褐色，尾下覆羽白色。雌鸟似雄鸟但上体颜色暗淡，头部灰褐色，前额白色不明显。

习性　常见成对或集大群活动，觅食于地面，喜近人居开阔地，也与其他椋鸟混群。

环境　栖息于低山丘陵、平原和旷野。

02
普通䴓
Sitta europaea

雀形目　PASSERIFORMES
䴓科　Sittidae

特征　中等体形（13厘米）的色彩明快的䴓类。上体蓝灰，过眼纹黑色，喉白，腹部淡皮黄，两胁浓栗。

习性　在树干的缝隙及树洞中啄食橡树籽及坚果。飞行起伏呈波状。偶尔于地面取食。成对或结小群活动。

环境　栖息于山林间、针阔混交林及阔叶林和针叶林内，以及村落附近的树丛中。

03
黑头䴓
Sitta villosa

雀形目　PASSERIFORMES
䴓科　Sittidae

特征　体小（11厘米）的黑灰色䴓类。雄鸟具黑色头顶和细贯眼纹，眉纹粗白色，上体淡灰黑色，颏、喉白色，下体浅茶色。雌鸟似雄鸟，但顶冠灰色。

习性　成对或集小群活动，与其他小型鸟类混群，习性同其他䴓类，活泼而觅食方式奇特。

环境　栖息于高海拔山地或高纬度的针叶林和针阔混交林中。

04
欧亚旋木雀
Certhia familiaris

雀形目　PASSERIFORMES
旋木雀科　Certhiidae

特征　体形略小（13厘米）而褐色斑驳的旋木雀。下体白或皮黄，仅两胁略沾棕色且尾覆羽棕色。胸及两胁偏白，眉纹色浅，喉部色浅，尾淡褐色。

习性　常单独活动或与其他鸟类混群，擅长运用利爪和坚硬的尾羽支撑身体在树干上垂直攀爬。

环境　栖息于山林间、针阔混交林及阔叶林和针叶林内。

01
鹪鹩
Troglodytes troglodytes

雀形目　PASSERIFORMES
鹪鹩科　Troglodytidae

特征　体形小巧（10厘米）的褐色而具横纹及点斑的小鸟。尾上翘，嘴细。深黄褐的体羽具狭窄黑色横斑及模糊的皮黄色眉纹为其特征。

习性　性活泼，尾不停地轻弹而上翘，突然跳出又轻捷跳开。飞行低，仅振翅做短距离飞行。

环境　栖息于灌丛中。

02
中华攀雀
Remiz consobrinus

雀形目　PASSERIFORMES
攀雀科　Remizidae

特征　体小（11厘米）的粉褐色似山雀小鸟。雄鸟头顶灰白色，具黑色眼罩，喉胸白色，腹部皮黄色，上体粉褐色。雌鸟相似但眼罩为褐色。

习性　主要为食虫性，繁殖季成对活动，巢特殊成袋状，编织悬吊于树上。

环境　栖息于近河流和湖泊等湿地水域的开阔林地和疏林，也见于多芦苇的草荡。

03
沼泽山雀
Parus palustris

雀形目　PASSERIFORMES
山雀科　Paridae

特征　体小（11.5厘米）的山雀。头顶及颏黑色，上体偏褐色或橄榄色，下体近白，两胁皮黄，无翼斑或项纹。与褐头山雀易混淆但通常无浅色翼纹而具闪辉黑色顶冠。

习性　一般单独或成对活动；有时加入混合群。常在针叶林、阔叶林或针阔混交林中高大乔木的树冠活动，偶尔也到低矮的灌丛中觅食。

环境　喜栖息于栎树林及其他落叶林、密丛、树篱、河边林地及村庄周边。

04
大山雀
Parus minor

雀形目　PASSERIFORMES
山雀科　Paridae

特征　体小（13厘米），头黑色，脸颊和后脑勺有大块的白色，喉咙到下腹有一条黑色的粗带，下腹其余地方颜色白色或污白色，上背和尾巴灰色有时候染绿。

习性　常见单只或成对活动，冬季也会集小群活动，以昆虫为主要食物，也食植物果实等。

环境　栖息于森林林缘、果园、灌丛、矮树等环境。

01

02 a 雌

02 b 雄

03

04

01
北长尾山雀
Aegithalos caudatus

雀形目　PASSERIFORMES
长尾山雀科　Aegithalidae

特征　中小型（16厘米）的白色长尾山雀。头纯白色，细小的嘴黑色，尾甚长，黑色而带白边。身体几乎全白，但幼鸟头侧黑色。
习性　常成对或集小群活动，有时也和其他小鸟混群，性喧闹而不惧人。
环境　栖息于山地针叶林或针阔混交林。

02
崖沙燕
Riparia riparia

雀形目　PASSERIFORMES
燕科　Hirundinidae

特征　体小（12厘米），头和上背以及翅膀和尾巴沙褐色，喉咙到整个下体白色，仅胸前有一条粗宽的沙褐色胸带，嘴细小。
习性　一般集小到大群飞行，在沙质斜壁挖洞筑巢，飞行觅食，主要以昆虫为食。
环境　栖息于河流、湖泊、沼泽和沙质坡地的环境。

03
家燕
Hirundo rustica

雀形目　PASSERIFORMES
燕科　Hirundinidae

特征　体长（20厘米），上体蓝紫色，前额和喉咙红色，胸前有蓝紫色胸带，下腹白色，尾巴较平，接近端部有一排白色斑点，最外侧的两根尾羽延长成线。
习性　是最常见也是最亲人的鸟类，多筑巢于人工建筑物的檐下，于飞行中捕食昆虫。
环境　栖息于田野、城镇、河流、湖泊、林缘等多种生境。

04
金腰燕
Cecropis daurica

雀形目　PASSERIFORMES
燕科　Hirundinidae

特征　体长（18厘米），头顶、上背、翅膀和尾巴蓝紫色有辉光，颈部和头部橙黄色，腰部也为橙黄色，下体白色染橙而且有细黑色的纵纹，尾巴细长而且分叉较深。
习性　和家燕一样，多喜欢筑巢于人工建筑，常和家燕混群在空中觅食昆虫。
环境　于村落和城镇周围活动，也见于田野和荒地。

01
烟腹毛脚燕
Delichon dasypus

雀形目　PASSERIFORMES
燕科　Hirundinidae

特征　雄性成鸟前额、头顶至后颈和背部及翅上小覆羽、肩羽均呈亮黑色，闪钢蓝色金属光泽；腰羽白色，具纤细的灰黑色羽干纹；虹膜暗褐；嘴黑色；跗跖和趾被白色绒羽，爪淡褐色。

习性　喜结群在江河或溪流上空飞翔捕食昆虫。

环境　喜欢栖息和活动在人迹罕至的荒凉山谷地带。

02
红胁绣眼鸟
Zosterops erythropleurus

雀形目　PASSERIFORMES
绣眼鸟科　Zosteropidae

特征　体小（11厘米）的橄榄绿色绣眼鸟。头及上背体羽橄榄绿色，具明显白色眼圈，眼先深色，喉部黄色，胸腹部白色且胸部灰色较重，两胁橙红色而不同于其他绣眼鸟，尾下覆羽明黄色。

习性　多集小群活动于树冠层，常觅食于多花的乔木或灌丛中。

环境　栖息于高纬度低山、丘陵及平原地带的阔叶林和次生林中，迁徙季节见于公园、苗圃、果园、林地等多种生境。

03
苍眉蝗莺
Helopsaltes fasciolatus

雀形目　PASSERIFORMES
蝗莺科　Locustellidae

特征　体形略大（15厘米）而色淡的莺。上体橄榄褐，眉纹白，眼纹色深而脸颊灰暗。下体白，胸及两胁具灰色或棕黄色条带，羽缘微近白色，尾下覆羽皮黄。幼鸟下体偏黄，喉具纵纹。嘴大。

习性　食虫性，林下植被中潜行。

环境　栖息于林地、棘丛、丘陵草地及灌丛。

04
黑眉苇莺
Acrocephalus bistrigiceps

雀形目　PASSERIFORMES
苇莺科　Acrocephalidae

特征　中等体形（13厘米）的褐色苇莺。眼纹皮黄白色，其上下具清楚的黑色条纹，下体偏白。

习性　食虫性，多单独或成对活动，喜欢落在树枝或芦苇的中上层。

环境　栖息于近水的高疏林、灌丛、沼泽、草丛、苇丛和稻田生境。

01
厚嘴苇莺
Arundinax aedon

雀形目　PASSERIFORMES
苇莺科　Acrocephalidae

特征　体大（20厘米）的棕褐色莺。头、上体及尾棕褐色，具浅色眼圈，无眉纹，喉白色，下体污白色，两胁染皮黄色。

习性　食虫性，多单独活动，在灌丛间飞行迅速且隐蔽，喜栖于灌木顶端。

环境　栖息于低海拔的林缘、疏林、灌丛、草丛和芦苇沼泽生境。

02
褐柳莺
Phylloscopus fuscatus

雀形目　PASSERIFORMES
柳莺科　Phylloscopidae

特征　中等体形（13厘米）的纯褐色柳莺，头、上体及尾深棕褐色，脸颊污白色具黑色贯眼纹，眉纹污白色，后段皮黄色，喉白色，下体污黄色。

习性　食虫性，不停跳跃于植被中下层，边跳边发出"te-te"的叫声。

环境　栖息于近水的林地、灌丛的林缘和底层，也见于农田、果园、城市公园绿地。

03
黄腰柳莺
Phylloscopus proregulus

雀形目　PASSERIFORMES
柳莺科　Phylloscopidae

特征　体小（9厘米）的黄绿色柳莺。头及上体至尾橄榄绿色，具黄色顶冠纹，眉纹前段明黄色，后端污白色，具绿褐色贯眼纹，两翼具两道翼斑，腰部鲜黄色，下体污白色。

习性　食虫性，常单独或集小群活动，觅食于树冠层，喜和其他柳莺或小型鸟类混群。

环境　栖息于山地丘陵的针阔混交林、针叶林，也见于平原林地，迁徙可见于农田、果园和城市园林绿地。

04
棕头鸦雀
Sinosuthora webbiana

雀形目　PASSERIFORMES
鸦雀科　Paradoxornithidae

特征　体小（12厘米）的浅棕褐色鸦雀。全身粉棕褐色，头和两翼更偏棕红，喉偏白而具棕红色细纵纹，尾棕褐色。

习性　活动于多样的生境，适应性强，是分布区最广，也是演化最为成功的鸦雀，过去曾包括诸多亚种。

环境　常见于分布区低海拔至中等海拔的常绿阔叶林底层，也见于森林林缘、公园、苗圃、荒地等生境。

01
震旦鸦雀
Paradoxornis heudei

雀形目　PASSERIFORMES
鸦雀科　Paradoxornithidae

特征　头顶与后颈均灰而沾赭色；眉纹黑，自眼的上方直伸至后颈；上背赭而杂以浅灰色粗纹；两肩及下背和腰等均黄赭色；眼先褐色；头侧及颏、喉等大都淡灰白色；胸淡葡萄红；下体余部暗黄，下胸特浓。
习性　结群在芦苇丛间穿梭，边飞边叫，群集呼应，叫声特别喧噪响亮。
环境　平时栖息于江边的芦苇地。

02
蒙古百灵
Melanocorypha mongolica

雀形目　PASSERIFORMES
百灵科　Alaudidae

特征　雄鸟（冬羽）额的中部、头顶的周缘各羽及后颈等均栗红；头顶中部棕黄；眼先、眼周、眉纹等棕白，两侧眉纹向后延伸至枕相接，在此渲染棕色；颊和耳区上部棕红，耳区余羽棕黄；背和腰栗褐，羽缘棕黄或棕灰，尾上覆羽棕红，而狭缘为棕或灰白色。
习性　高飞时直飞入云，如云雀一般。在地面上亦善奔驰。食物主要为杂草种子和其他野生植物种子。
环境　栖息在开阔草原上。

03
短趾百灵
Calandrella cheleensis

雀形目　PASSERIFORMES
百灵科　Alaudidae

特征　成鸟上体羽缘棕褐，轴纹黑色，形成纵纹状；前额、头顶至后颈的黑色纵纹较纤细；眉纹淡棕白，从眼先伸达枕侧；贯眼纹黑褐色；耳覆羽棕褐色；两性相似。虹膜暗褐；嘴黄褐色，嘴峰黑褐色；跗跖和趾肉褐色，爪暗褐色。
习性　栖息于高山杜鹃灌丛林下的苔藓地上，喜单个活动觅食。
环境　栖息地海拔2950米。

04
小云雀
Alauda gulgula

雀形目　PASSERIFORMES
百灵科　Alaudidae

特征　上体棕褐，头顶和背部的羽毛均具较粗的近黑色羽轴纹，颈部和颈侧条纹较细较少，棕色羽缘宽；翅羽黑褐，耳覆羽棕色较浓。下体淡棕，胸部棕色较浓，并密布近黑色羽干纹或点斑。
习性　性喜结群，在地上活动觅食，杂食性。巢以粗草和芦苇为材料，置于地面稍凹处，其上覆以更细的草。
环境　栖息于开阔的草地和山坡耕作地，或开阔的田野。

01
角百灵
Eremophila alpestris

雀形目　PASSERIFORMES
百灵科　Alaudidae

特征　中等体形（16厘米）的深色百灵。头部图纹别致。雄鸟具粗显的黑色胸带，脸具黑和白色（或黄色）图纹，顶冠前端黑色条纹后延成特征性小"角"。上体几为纯暗褐色；下体余部白色，两胁有些褐色纵纹。雌鸟及幼鸟色暗（且无"角"），但头部图纹仍可见。飞行时翼下白色。

习性　常做短距离低飞或奔跑，取食昆虫和草籽。

环境　栖息于干旱的山地、草地、灌丛或岩石上。

02
麻雀
Passer montanus

雀形目　PASSERIFORMES
麻雀科　Passeridae

特征　体形略小（14厘米），矮圆而活跃的雌雄同色麻雀。顶冠及颈背褐色，脸污白，成鸟在脸颊后部耳附近有显著大黑斑，区别于其他可见于中国的所有麻雀。成鸟上体近褐，有深色纵纹。颏黑而下体皮黄灰色，颈背具完整的灰白色领环。幼鸟似成鸟，但脸颊后部黑斑不明显，色较黯淡，嘴基黄色。

习性　杂食性，有时结群取食农作物。在中国东部替代家麻雀作为城镇中的麻雀。在孔洞中筑巢。

环境　近人栖居，喜城镇和乡村生境，活动于有稀疏树木的地区、村庄及农田，并能很好地适应城市建筑物间的各种绿地。

03
山鹡鸰
Dendronanthus indicus

雀形目　PASSERIFORMES
鹡鸰科　Motacillidae

特征　上体橄榄褐绿色，尾上覆羽污褐色，中央一对尾羽暗褐、沾橄榄绿色，次3对尾羽黑褐色，最外侧一对尾羽白色，两胁沾淡棕色。

习性　飞行呈波浪式曲线，一高一低，并常伴随着鸣叫。

环境　常栖息于林间空地、林缘、河边及村落附近，常见沿较粗的树枝上驰走。

04
白鹡鸰
Motacilla alba

雀形目　PASSERIFORMES
鹡鸰科　Motacillidae

特征　中等体形（20厘米），白色、灰色或黑色的鹡鸰。体羽上体灰色或黑色，下体白色，两翼及尾黑白相间。冬季头后、颈背及胸具黑色斑纹，但不如繁殖期扩展。头部及背部黑色的多少和纹样随亚种而异。

习性　受惊扰时飞行骤降并发出示警叫声。冬季成大群聚于市内大树上过夜。

环境　栖于近水的开阔地带、稻田、溪流边及道路上。

雄

01

02

03

04

01
黄头鹡鸰
Motacilla citreola

雀形目　PASSERIFORMES
鹡鸰科　Motacillidae

特征　雄性成鸟头部辉黄色，背及两肩黑色，腰暗灰色；尾上覆羽黑褐色，尾羽黑褐色，最外侧两对尾羽具大型的楔状白斑；翅黑褐色，中覆羽和大覆羽先端白色。雌性成鸟头顶黄色，羽端杂以少许灰褐色，额和头侧辉黄；上体黑灰色，后颈及背常杂黑色羽端；下体黄色较淡。

习性　多成对或结小群活动。

环境　栖息于临水草地、溪边、湖岸、农田、路边等处。

02
黄鹡鸰
Motacilla flava

雀形目　PASSERIFORMES
鹡鸰科　Motacillidae

特征　成鸟额、头顶、头侧、枕和后颈为蓝灰色，细长的眉纹黄白色，眼下亦略缀黄白色；上体灰褐绿色，腰泛黄色；翼黑褐色，翼上覆羽和内侧飞羽的白端在翼上形成黄白色横斑；尾较为窄长，为黑褐色，外侧两对尾羽几乎全白色；下体鲜黄色，有的颜部白色，两胁泛有灰绿色；虹膜褐色，脚黑色。

习性　多成对或成3~5只的小群，迁徙期亦见数十只的大群活动。喜欢停栖在河边或河心石头上，尾不停地上下摆动。

环境　常在林缘、林中溪流、平原河谷、村野、湖畔和居民点附近活动。

03
灰鹡鸰
Motacilla cinerea

雀形目　PASSERIFORMES
鹡鸰科　Motacillidae

特征　中等体形（19厘米）而尾长的偏灰色鹡鸰。腰黄绿色，下体黄色。与黄鹡鸰的区别在上背灰色，飞行时白色翼斑和黄色的腰显现，且尾较长。成鸟下体黄色，亚成鸟偏白色。

习性　常单独或成对活动，有时也集成小群或与白鹡鸰混群。飞行时两翅一展一收，呈波浪式前进。

环境　栖于近水的开阔地带、稻田、溪流边及道路上。

04
树鹨
Anthus hodgsoni

雀形目　PASSERIFORMES
鹡鸰科　Motacillidae

特征　中等体形（15厘米），橄榄色的林栖型鹨。眉纹白而粗长，耳附近有黄白色的羽斑。上体橄榄绿色，纵纹较少。喉及两胁皮黄，胸及两胁黑色纵纹浓密。繁殖季节前额至眼先和脸颊前部染黄色。

习性　比其他的鹨更喜有林的栖息生境，常结小群或单个在开阔的林下地面行走，受惊扰时群鸟飞起而落于树上。

环境　夏季常见于开阔林区，高可至海拔4000米。迁徙季节见于各种有林生境。

01
水鹨
Anthus spinoletta

雀形目　PASSERIFORMES
鹡鸰科　Motacillidae

特征　上体灰褐色，各羽具不太明显的暗色羽干纹；尾羽黑褐色，最外侧一对尾羽除羽基及大部分内翈黑褐色外，大部分为白色，雌鸟下体纵纹阙如。虹膜茶黑色；嘴暗褐色，下嘴基部褐色；脚黑褐色。

习性　多成对活动，或集小群，多在地上或岩石奔走觅食，受惊扰即飞向树枝或灌木丛、屋顶。主要以昆虫为食，有时食少量的植物性食物。

环境　喜在多水的环境活动，如河滩、湖边、沼泽地、沟渠、农田、居民点附近。

02
领岩鹨
Prunella collaris

雀形目　PASSERIFORMES
岩鹨科　Prunellidae

特征　成鸟前额至后颈灰褐，具较暗的羽轴纹；背棕褐；腰至尾上覆羽淡棕具暗的羽轴纹；尾暗褐，外翈具棕端而内翈白端。

习性　性活跃，常边飞边鸣，在裸岩的砾石间跳跃觅食，见人则钻入石缝或起飞逃离。

环境　常活动于灌丛、草甸及裸岩地带。

03
棕眉山岩鹨
Prunella montanella

雀形目　PASSERIFORMES
岩鹨科　Prunellidae

特征　体形略小（15厘米）的红褐色岩鹨。头部具黑色顶冠纹和宽阔脸罩，眉纹、喉和上胸皮黄色，上体棕褐色具深栗褐色纵纹，具两道白色翼斑，下体白色具栗色纵纹，尾棕褐色。

习性　杂食性，多成对或集小群活动，觅食于地面。

环境　栖息于北方阔叶林或针阔混交林的林下灌丛和草丛，也见于城市绿地的中下层。

04
燕雀
Fringilla montifringilla

雀形目　PASSERIFORMES
燕雀科　Fringillidae

特征　中等体形（16厘米）的黑色和红棕色雀类。虹膜褐色；嘴黄色，尖端黑色；脚粉褐色。雄鸟头、颈背和上背黑色，胸和翼肩红棕色，两翼黑色具白色和红棕色翼斑，尾黑色，下腹纯白色。雌鸟相似但红棕色较浅，且头和上体为灰褐色。

习性　常集小群活动，觅食于地面和矮树，取食草籽和种子。

环境　栖息于阔叶林、混交林和针叶林的林缘和林间空地，也见于城市园林。

01
金翅雀
Chloris sinica

雀形目　PASSERIFORMES
燕雀科　Fringillidae

特征　体小（13厘米）的黄褐色雀类。头灰色，上背橄榄褐色，两翼黑色具金黄色翼斑，脸颊和喉橄榄黄色，下腹黄褐色。嘴粗厚，为粉色。

习性　多见集小群至大群活动，主要以种子、草籽和农作物为食，多觅食于地面和矮树。

环境　栖息于中低海拔的平原、丘陵的开阔地带，多见于荒地、灌丛、公园绿地、农田、疏林和林缘等生境。

02
黄雀
Carduelis spinus

雀形目　PASSERIFORMES
燕雀科　Fringillidae

特征　体形甚小（11.5厘米）的雀鸟。特征为嘴短，翼上具醒目的黑色及黄色条纹。成体雄鸟的顶冠及颏黑色，头侧、腰及尾基部亮黄色。雌鸟色暗而多纵纹，顶冠和颏无黑色。与所有其他小型且色彩相似的雀的区别在于嘴形尖直。

习性　飞行能力强，喜聚群，以多种植物的果实和种子及嫩芽为食。

环境　栖息于山林、丘陵和平原的针阔混交林和针叶林地带。

03
白腰朱顶雀
Carduelis flammea

雀形目　PASSERIFORMES
燕雀科　Fringillidae

特征　体小（14厘米）的灰褐色雀鸟。头顶有红色点斑。繁殖期雄鸟身上多褐色纵纹，胸部的粉红色上延至脸侧。腰浅灰而沾褐并具黑色纵纹。雌鸟似雄鸟但胸无粉红。非繁殖期雄似雌鸟但胸具粉红色鳞斑，尾叉形。

习性　快速的冲跃式飞行。冬季群栖，多在地面取食。

环境　栖于荒山、灌木、林缘和田间。

04
长尾雀
Uragus sibiricus

雀形目　PASSERIFORMES
燕雀科　Fringillidae

特征　中等体形（17厘米）而尾长的雀鸟。嘴甚粗厚。繁殖期雄鸟脸、腰及胸粉红；额及颈背苍白，两翼多具白色；上背褐色且具近黑色且边缘粉红的纵纹。繁殖期外色彩较淡。雌鸟具灰色纵纹，腰及胸棕色。

习性　成鸟常单独或成对活动，幼鸟结群，多觅食于地面和矮树。

环境　栖息于低矮的灌丛、阔叶林和针阔混交林以及沿溪的蒿草丛和次生林。

01
普通朱雀
Carpodacus erythrinus

雀形目　PASSERIFORMES
燕雀科　Fringillidae

特征　体形略小（15厘米）而头红的朱雀。上体灰褐，腹白。繁殖期雄鸟头、胸、腰及翼斑多具鲜亮红色。雌鸟色暗淡，无粉红，上体青灰褐色，下体近白。幼鸟似雌鸟但褐色较重且有纵纹。
习性　单独、成对或结小群活动。飞行呈波状。
环境　栖于亚高山林带的林间空地、灌丛及溪流旁。

02
北朱雀
Carpodacus roseus

雀形目　PASSERIFORMES
燕雀科　Fringillidae

特征　中等大小（16厘米）而体形矮胖的朱雀。尾略长。雄鸟头、下背及下体绯红；头顶色浅，额及颏霜白；无对比性眉纹；上体及覆羽深褐，边缘粉白；胸绯红，腹部粉色，具两道浅色翼斑。雌鸟色暗，上体具褐色纵纹，额及腰粉色，下体皮黄色而具纵纹，胸沾粉色，臀白。
习性　喜集群，啄食各种野生植物的果实、种子和幼芽，也寻食谷物种子。
环境　栖于针叶林但越冬在雪松林及有灌丛覆盖的山坡。

03
红交嘴雀
Loxia curvirostra

雀形目　PASSERIFORMES
燕雀科　Fringillidae

特征　中等体形（16.5厘米）的雀。与除白翅交嘴雀外的所有其他雀类的区别为上下嘴相侧交。繁殖期雄鸟砖红色，雌鸟似雄鸟但为暗橄榄绿而非红色。幼鸟似雌鸟而具纵纹。雄雌两性的成鸟、幼鸟与白翅交嘴雀的区别在于均无明显的白色翼斑，且三级飞羽无白色羽端。极个别红交嘴雀翼上略显白色翼斑但绝不如白翅交嘴雀醒目而完整，头形也不如其拱出。
习性　结群，飞行迅速而带起伏，倒悬进食，用交嘴嗑开松子。
环境　栖息于山地针叶林，也见于针阔混交林中。

04
白翅交嘴雀
Loxia leucoptera

雀形目　PASSERIFORMES
燕雀科　Fringillidae

特征　中等体形（15厘米）的雀。嘴相侧交，甚似红交嘴雀但体形较小而细，头较拱圆。与红交嘴雀的区别在于具两道明显的白色翼斑且三级飞羽羽端白色。繁殖期雄鸟暗玫瑰绯红色，腰色较艳。雌鸟似雄鸟但体色暗橄榄黄且腰黄。
习性　飞行迅速而带起伏，倒悬进食，用交嘴嗑开松子。
环境　栖息于山地针叶林，也见于针阔混交林中。

01
红腹灰雀
Pyrrhula pyrrhula

雀形目　PASSERIFORMES
燕雀科　Fringillidae

特征　红腹灰雀体长约14.5厘米。嘴厚而略带钩，腰白，顶冠及眼罩辉黑。雄鸟上背灰色，臀白，下体基调灰色而具不同量的粉色，醒目的近白色翼斑与黑色的翼成对比。雌鸟图纹似雄鸟但暖褐色取代粉色。幼鸟似雌鸟但无黑色的顶冠及眼罩，且翼斑皮黄。黑色的顶冠有别于所有其他灰雀。

习性　喜林地、果园及花园。冬季通常结小群活动。

环境　栖于亚高山林带的林间空地、灌丛及溪流旁。

02
锡嘴雀
Coccothraustes coccothraustes

雀形目　PASSERIFORMES
燕雀科　Fringillidae

特征　体大（17厘米）而胖墩的偏褐色雀鸟。嘴特大而尾较短，具粗显的白色宽肩斑。雄雌几乎同色。成鸟具狭窄的黑色眼罩；两翼闪辉蓝黑色（雌鸟灰色较重），尾暖褐色而略凹，尾端白色狭窄，外侧尾羽具黑色次端斑；两翼的黑白色图纹纹路清晰。

习性　性大胆，喜聚群，以植物种子为食。

环境　栖息于林间及村庄周边开阔的草塘、湿地、灌木地带。

03
三道眉草鹀
Emberiza cioides

雀形目　PASSERIFORMES
鹀科　Emberizidae

特征　体形较大（16厘米）的红棕色鹀。身体包括下腹红棕色，上背具黑色纵纹，两翼具两道白色或浅皮黄色翼斑，肩羽灰色，头顶棕褐色，具黑色侧冠纹和白色眉纹，雄鸟具黑褐色眼罩和下颊纹，雌鸟黑褐色，眉纹、颊纹、颔和喉等均为浅黄棕色。

习性　多见成对活动，从海平面到3000米以上的高海拔均有分布，冬季下迁，主要以草籽和种子为食。

环境　栖息于平原、丘陵的开阔荒地、灌丛、芦苇、草丛以及林缘地带，也见于人居和城市园林。

04
栗耳鹀
Emberiza fucata

雀形目　PASSERIFORMES
鹀科　Emberizidae

特征　全长144~158毫米。头顶至后颈灰色，满布黑色纵纹；上体棕色，上背亦有粗著的黑色纵纹；耳羽栗红色；颔、喉白色；粗著的黑色条纹形成领环，由喉侧延伸至上胸；胸和胁部棕红色；跗跖和趾肉色或肉黄色，爪角褐色。

习性　单个或结小群活动于草坡、耕作区，以杂草种子、嫩苗及昆虫为食。

环境　栖息地海拔500~2100米。

01
小鹀
Emberiza pusilla

雀形目　PASSERIFORMES
鹀科　Emberizidae

特征　体小（13厘米）而具纵纹的鹀。头具条纹，雄雌同色。繁殖期成鸟体小而头具黑色和栗色条纹，眼圈色浅。冬季雄雌两性耳羽及顶冠纹暗栗色，颊纹及耳羽边缘灰黑，眉纹及第二道下颊纹暗皮黄褐色。上体褐色而带深色纵纹，下体偏白，胸及两胁有黑色纵纹。

习性　飞翔时尾羽有规律地散开和收拢，频频地露出外侧白色尾羽。主要以种子、果实等植物性食物为食。

环境　栖息于平原、丘陵、山谷和高山以及灌木丛、小乔木、村边树林与草地、苗圃、麦地和稻田中。

02
田鹀
Emberiza rustica

雀形目　PASSERIFORMES
鹀科　Emberizidae

特征　体形略小（14.5厘米）而色彩明快的鹀。腹部白色。成年雄鸟清爽明晰，头具黑白色条纹，颈背、胸带、两胁纵纹及腰棕色，略具羽冠。雌鸟及非繁殖期雄鸟相似但白色部位色暗，染皮黄色的脸颊后方通常具一近白色点斑。

习性　性胆大，且耐寒，栖息枝上时，常常竖起头上羽毛，取食草籽和谷物。

环境　栖息于林间沼泽、湿地周边的灌丛及矮树中。

03
黄喉鹀
Emberiza elegans

雀形目　PASSERIFORMES
鹀科　Emberizidae

特征　中型（15厘米）棕褐色鹀。上背棕褐色具黑褐色纵纹，下腹白色，雄鸟头顶棕褐色，具鲜黄色眉纹和喉部，脸罩和胸部黑褐色，雌鸟黄色部分较浅，脸罩浅褐色，胸部颜色浅淡。

习性　多单独或成对活动，常觅食于地面和矮树，也见在树冠层取食，冬季集成小群。

环境　栖息于平原、丘陵和低山的疏林、灌丛和林缘，也见于农耕区周围。

04
灰头鹀
Emberiza spodocephala

雀形目　PASSERIFORMES
鹀科　Emberizidae

特征　体小（14厘米）的黑色及黄色鹀。指名亚种繁殖期雄鸟的头、颈背及喉灰，眼先及颏黑；上体余部浓栗色而具明显的黑色纵纹；下体浅黄或近白；肩部具一白斑，尾色深而带白色边缘。雌鸟及冬季雄鸟头橄榄色，过眼纹及耳覆羽下的月牙形斑纹黄色。

习性　性胆大，结小群，秋冬季主要取食植物种子，夏季取食以昆虫为主。

环境　栖息于山区的河谷溪流，平原灌丛和较稀疏的林地及村旁的耕地等环境中。

非繁殖羽

雄

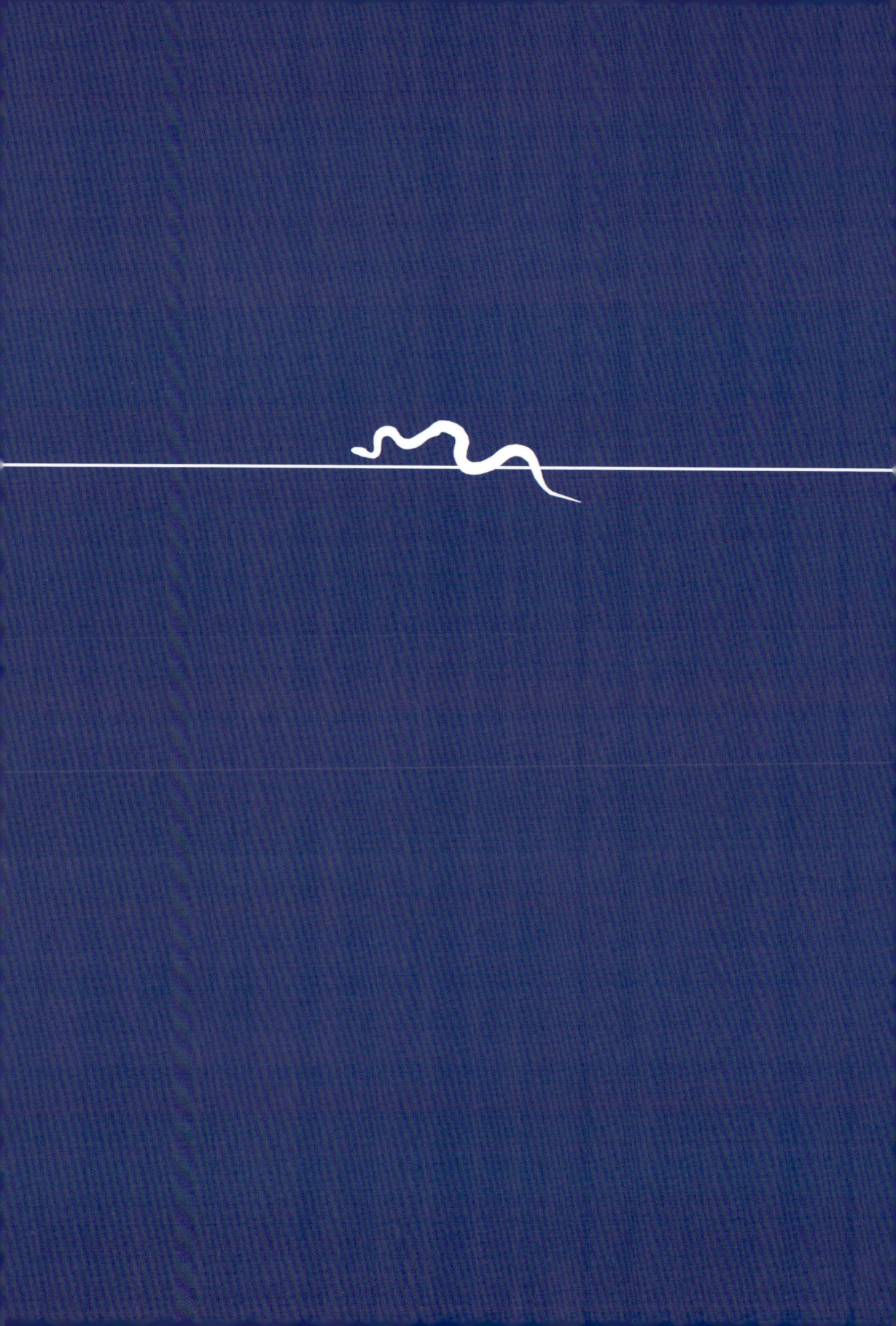

两栖爬行动物

两栖爬行类动物主要包括两栖动物和爬行动物两大类。

两栖动物是最原始的陆生脊椎动物,它们既有适应陆地生活的新的性状,又有从鱼类祖先继承下来的适应水生生活的性状。这类动物的代表有青蛙、蟾蜍、大鲵和蝾螈等。两栖动物的生命初期通常具有鳃,用于在水中呼吸,而当变为成体时,它们逐渐发展出肺以适应陆地生活。尽管两栖动物可以同时生活在陆上和水中,但它们对环境的适应性相对较弱,尤其是对水质和气候的变化较为敏感。

爬行动物则是另一类适应陆地生活的动物,它们的代表有蜥蜴、龟、鳖、蛇和鳄鱼等。爬行动物的主要特征是体表覆盖角质的鳞片或甲,这有助于保护它们的身体并减少水分的蒸发。它们用肺呼吸,并在陆地上产卵,卵表面通常有坚韧的卵壳保护。与两栖动物相比,爬行动物对环境的适应性更强,能在各种气候条件下生存。

这两类动物在生态系统中都扮演着重要的角色,它们不仅是食物链的关键环节,还对维持生态平衡起着重要的作用。同时,它们也是生物学研究和自然观察的重要对象,有助于我们更深入地了解地球生命的多样性和复杂性。

《中国生物物种名录》2024版收录两栖动物656种。

本手册根据影像调查收录。

《中国生物物种名录》2024版收录爬行动物656种。

本手册根据实地影像调查,收录两栖爬行动物8科14种。

东北林蛙
Rana dybowskii

无尾目　ANURA
蛙科　Ranidae

特征　雄体长54~72毫米，雌体长58~81毫米。瞳孔呈横椭圆形，鼓膜略大于眼径长的一半。具较细的背侧褶，指、趾端钝圆，外侧3趾间几乎为全蹼。体背多为灰褐色、深褐色、红褐色或黄褐色等，多具黑褐色色斑，颞部具黑褐色三角斑，四肢有黑褐色横纹，雄性腹面多为灰白色散以灰色斑纹，雌性腹面多为浅红褐色。

习性　白天隐匿，晚间伏于石块上或水边，繁殖季节4—5月。冬季潜伏于水底越冬。

环境　栖息于海拔900米以下的山区、丘陵、平原，见于各种水环境。

黑龙江林蛙
Rana amurensis

无尾目　ANURA
蛙科　Ranidae

特征　雄体长49~66毫米，雌体长51~70毫米。瞳孔呈横椭圆形，鼓膜大于眼径长的一半。具较细的背侧褶，指、趾端钝尖。体背多为灰褐色、红褐色或黄褐色等，背面具浅色脊纹，并散以黑褐色色斑，颞部具黑褐色三角斑，四肢有黑褐色横纹，雄性腹面灰白色具血红色斑纹，雌性腹面灰褐色也具有血红色斑纹。

习性　白天隐匿，晚间伏于石块上或水边，繁殖季节4—5月。冬季潜伏于水底越冬。

环境　栖息于海拔600米以下的山区、丘陵、平原，见于各种水环境。

黑斑侧褶蛙
Pelophylax nigromaculatus

无尾目　ANURA
蛙科　Ranidae

特征　背侧褶宽厚,其间有长短不一的肤棱。背面一般绿色,有不规则的黑斑。鼓膜大而明显,无深色三角斑。指间无蹼,趾蹼凹陷较深。雄性有1对颈侧外声囊;第一指仅基部背面具婚垫,不分团。

习性　白天隐蔽于草丛和泥窝内,黄昏和夜间活动。跳跃力强,一次可达1米以上。捕食昆虫、蜘蛛、蜗牛等。成蛙在10—11月进入松软的土中或枯枝落叶下冬眠,次年3—5月出蛰。黎明前后产卵于稻田、池塘浅水处,卵群团状,每团3000~5000粒。

环境　广泛分布于平原丘陵的水田、池塘、湖沼及海拔2200米以下的山地。

中华大蟾蜍
Bufo gargarizans

无尾目　ANURA
蟾蜍科　Bufonidae

特征　体大，雄性体长79~106毫米，雌性98~121毫米。皮肤粗糙具多而密的大小瘰疣，耳后腺大，有鼓膜。腹面乳黄色与棕色或黑色形成花斑，股基部有一团大棕色斑。蝌蚪体色黑，尾鳍色浅，尾末端较尖。

习性　黄昏后外出捕食，食性较广，以昆虫、蜗牛、蚯蚓等为主。9月进入水中冬眠，次年4月出蛰即进入静水内繁殖。卵群呈2或4行交错排列于管状卵带内，含卵2700~8000粒，卵带缠绕于水草上。

环境　海拔120~900米的多种生态环境。除冬眠和繁殖期下水外，多在陆地草丛、田边、山坡石下或土穴中等潮湿环境。

东方铃蟾
Bombina orientalis

无尾目　ANURA
铃蟾科　Bombinatoridae

特征　体长36~48毫米，头扁平，吻圆，前、后肢短，皮肤粗糙，刺黑色，背部呈灰棕色，或背为绿色杂以不规则的黑色斑点，腹面有花斑，为黑色与朱红色或橘黄色。雄性前肢较粗壮，前臂直径为体长的11%（雌性8.4%），前臂内侧、内掌突及内侧3指基部有黑色细刺；无声囊和雄性线。雄性趾间为全蹼，雌性的蹼缺刻较深。

习性　东方铃蟾声音低沉，有冬眠习性，肉食性，5—7月产卵，每次产卵几十枚至百余枚不等，每年可产卵150~300枚，主要栖息在山溪的石下、草丛、路边，半山坡上的小水坑、石头坑等处。分布于中国、朝鲜、韩国、俄罗斯。

极北鲵
Salamandrella keyserlingii

有尾目　CAUDATA
小鲵科　Hynobiidae

特征　雄体长117~127毫米，雌体长100~112毫米。头部扁平呈椭圆形，无唇褶。躯干略扁，尾侧扁而较短，短于头体长。肋沟13~14条。前足4个指，后足4个趾。头体背面多为棕黑色或棕黄色，体背具三道不连续的黑褐色纵纹并杂以黑褐色斑点，腹面浅灰色。

习性　白天隐匿，晚间于水边活动，繁殖季节4—5月。

环境　栖息于海拔1800米以下的山区溪流、水塘或其附近的林地中。

棕黑锦蛇
Elaphe schrenckii

有鳞目　SQUAMATA
游蛇科　Colubridae

特征　大型无毒蛇,成体全长150~200厘米。头部较大,与颈区分明显。幼体与成体色斑差异极大,幼体与赤峰锦蛇幼体极为相似;成体后,唇部黄色,唇鳞后缘为黑色,体尾背面黑色,自颈后至尾具有数十个黄色窄横斑。体尾腹面黄色,散布黑色色斑。

习性　食鼠类为主,亦食鸟类和鸟卵。7月下旬至8月上旬产卵,每次产12~21枚,孵化期45~62天。

环境　栖息于平原、丘陵、低山。国内分布于黑龙江、吉林、辽宁、内蒙古东部。

赤峰锦蛇
Elaphe anomala

有鳞目　SQUAMATA
游蛇科　Colubridae

特征　原被作为棕黑锦蛇亚种。体大（150~200厘米），体背棕灰色，前段无斑纹或有极不明显的暗白色横斑，从中段开始具有黄色横斑，两侧呈不规则分叉，体后段及尾部具更明显的黄色横斑。腹面浅黄或鹅黄色，杂有黑色斑点。

习性　能攀树，食鼠类为主，亦食鸟类和鸟卵，食量很大。性温和，通常不主动袭击人，但繁殖期的孕蛇较凶猛。7—8月产卵，每次产6~17枚，孵化期41~51天。

环境　广泛分布于平原、山地、丘陵、塘边、桥下、林缘、田园、柴草垛、破旧房屋乃至屋顶。

白条锦蛇
Elaphe dione

有鳞目　SQUAMATA
游蛇科　Colubridae

特征　中等大小无毒蛇,成体全长80~100厘米。头部椭圆形,略大,与颈区分明显。体尾背面黄色、黄褐色、褐色等,有3道浅色纵线贯穿体尾,背面正中有数十个哑铃状横斑或两两相对的圆斑。腹面黄白色,散以黑色斑点。眼后有一眉纹斜向口角,枕背有一粗大且明显的色斑。

习性　以鼠类、鸟及鸟卵为食。卵生,7—8月产卵5~11枚,经1月左右孵出。

环境　栖息于山地、丘陵、平原等环境。

红纹滞卵蛇
Oocatochus rufodorsatus

有鳞目　SQUAMATA
游蛇科　Colubridae

特征　原名红点锦蛇。体小（100厘米以内）。头体背淡红褐色或黄褐色，头背有二倒"V"形黑斑，一在吻背过眼再沿头侧向后，一在额部沿枕部向后，分别延续为体尾背的4条杂有红棕色的黑褐色纵纹。背鳞平滑。腹面密缀黑黄相间的棋格斑。

习性　半水栖。出蛰后多在中午活动，夏天多出现于水边阴凉处。以泥鳅为主食，也吃其他鱼类、蛙类、蝌蚪和螺类。出蛰后和冬眠前交配。卵胎生，7—9月产仔4~17条，产出后即能活动游水。

环境　平原水网地区河滨池塘及其附近的田野、坟堆、菜地、水沟。洞穴多在排干水的稻田田埂、水边的小山丘或菜园围埂上，多利用啮齿类的废弃洞穴加以钻建。

乌苏里蝮
Gloydius ussuriensis

有鳞目　SQUAMATA
蝰科　Viperidae

特征　成体全长40~60厘米，体形短粗，中段背鳞21行。头部呈三角形，颊部具有感知热量的颊窝。眼后有一宽大的黑褐色眉纹，在其上缘镶以白色细纹，头腹面的颌片外侧无深色色斑。体色多呈红褐或黑褐色，体背色斑轮廓较不明显。成体尾末端颜色较深，与身体同色。幼体和亚成体尾尖颜色较浅，呈黄色。

习性　白天隐匿，晚间于水边捕食蛙类、鱼类等。具有毒液。

环境　栖息于海拔500米以下的丘陵平原，近水边活动。

胎蜥
Zootoca vivipara

有鳞目　SQUAMATA
蜥蜴科　Lacertidae

特征　成体全长15厘米左右，尾长为头体长的1.3~1.5倍。头背具大块鳞片，耳孔较大，鼓膜裸露。背面褐色，散以较小的黑褐色及白色色斑，雄性体侧常具红褐色侧纹。
习性　白天活动，卵胎生殖，直接产下仔蜥。
环境　栖于气温较低的针叶林地，近水边活动。

丽斑麻蜥
Eremias argus

有鳞目　SQUAMATA
蜥蜴科　Lacertidae

特征　眶下鳞不伸入上唇鳞之间；尾长短于头体长的1.5倍。颞侧往后延伸的纵行，有2行大小不等的黑缘白斑，止于后肢基部。顶鳞外侧循体侧到尾之中段也有2列眼斑。四肢背面饰有白斑，尤以后肢更多。腹面黄白色。

习性　常在灌丛或草堆周围活动，虽受惊扰也在原地迂回躲避。洞口扁圆形；洞道短小狭窄。食物全为昆虫。4月上旬出蛰，5月开始繁殖。雌性5—6月产卵，每窝2~4枚。2个月后孵化。10月冬眠。

环境　遍布北方平原、丘陵、草原、低山和农区等各种环境。

黄纹石龙子
Plestiodon capito

有鳞目　SQUAMATA
石龙子科　Scincidae

特征　背面有5条黄色纵纹，尾背蓝色。股后及肛后各有一团大鳞。
习性　以各种昆虫为食。
环境　山地、丘陵、林缘、林中空地、农田边、路旁、庙宇等石下，受惊时立即钻入石缝中。

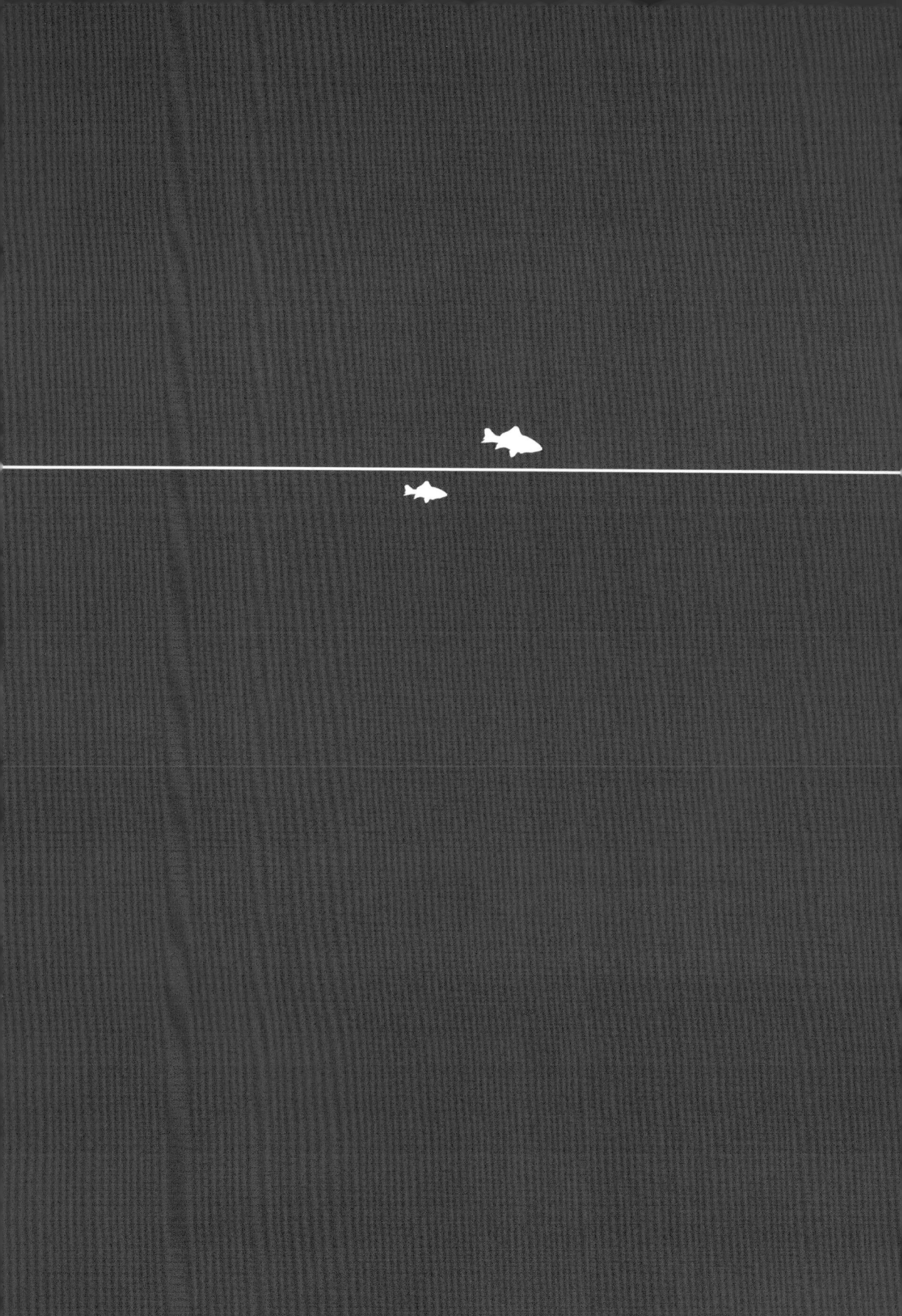

鱼

  鱼类是生活在水中的脊椎动物，它们用鳃呼吸，通过尾部和躯干的摆动以及鳍的协调作用来游泳。鱼类的体形、大小和形态各异，有的细长如带，有的扁平如盘，还有的呈球形或侧扁形。它们的体色也丰富多样，有的鲜艳夺目，有的则较为暗淡。

  鱼类的生理结构也相当独特，它们的皮肤通常没有角质层，而是由黏多糖物质、黏液、脱落细胞、免疫球蛋白和游离脂肪酸构成的保护层。真皮内含有色素细胞，这些细胞使得鱼的皮肤具有各种颜色。此外，鱼类的鳞片、侧线系统和鳍等结构也各具特色，对于它们的生存和适应环境具有重要意义。

  在生态系统中，鱼类扮演着重要的角色。它们是食物链的重要一环，为其他水生生物提供食物来源。同时，鱼类还通过捕食控制水生生物的数量，维护生态平衡。此外，鱼类对于水域环境的改善和净化也具有一定的作用。

  与人类的关系方面，鱼类具有重要的经济价值。它们不仅是人们餐桌上的美味佳肴，还是渔业产业的重要支柱。同时，鱼类在科学研究、文化艺术等方面也具有丰富的价值。例如，通过研究鱼类的生理生化反应和适应性，人们可以更好地了解生物体的生命活动规律；而在文化艺术领域，鱼类也常被用作创作素材和灵感来源。

  总之，鱼类是一类丰富多样且重要的生物群体，它们在自然界和人类社会中都扮演着不可或缺的角色。

  《中国生物物种名录》2024版收录鱼类5127种。

  本手册根据实地影像调查，收录鱼类9科14种。

01
真鱥
Phoxinus phoxinus

鲤形目　CYPRINIFORMES
鲤科　Cyprinidae

特征　体小而厚，呈圆筒状。头长大于体高，尾柄细长。吻钝，口端位，上颌稍长于下颌。眼大。胸、腹部无鳞。背鳍小，明显小于头长。胸鳍条较长，可达胸鳍至腹鳍间距的70%。腹鳍条也较长。尾鳍分叉深，上、下叶尖。背鳍Ⅲ-7，臀鳍Ⅲ-7，侧线鳞不完全，纵列鳞78~90，鳃细小，鳃耙8~9，下咽齿二行。鳔二室，后室长于前室一倍。背部褐色，带有小黑点。体侧和腹部银白色，体侧中轴有一条由大黑斑点形成的带纹。口小，端位，上颌稍长于下颌。

习性　生活在水温较低，水质澄清河流的支流中，喜群集活动。

环境　分布于图们江、额尔齐斯河水系、黑龙江上游、嫩江上游及松花江山区支流等水域。

02
棒花鱼
Abbottina rivularis

鲤形目　CYPRINIFORMES
鲤科　Cyprinidae

特征　体长，稍侧扁。背部深黄褐色，至体侧逐渐转淡，腹部为淡黄色或乳白色，背部自背鳍起点至尾基有5个黑色大斑。在体侧有7~8个黑色大斑。头较短，吻短，前端圆钝。眼小，侧上位，眼间宽平。背鳍无硬刺，胸鳍圆钝，均较短。尾鳍叉形。

习性　主食无脊椎动物。1龄鱼性成熟，繁殖期4—5月，在沙底掘坑为巢，产卵于其中，雄鱼有筑巢和护巢的习性。体长可达11厘米，主要生活于平原河流水清以及沙底处。

环境　分布于全国各主要水系及湖泊、沟塘中。

03
鲫鱼
Carassius auratus

鲤形目　CYPRINIFORMES
鲤科　Cyprinidae

特征　体态丰腴，肚腹中大而脊隆起，体长15~20厘米，呈流线型，体高而侧扁，前半部弧形，背部轮廓隆起，尾柄宽；腹部圆形，无肉棱。头短小，吻钝，无须。鳞片大，侧线微弯。背鳍长，外缘较平直。背鳍、臀鳍第3根硬刺较强，后缘有锯齿，胸鳍末端可达腹鳍起点。尾鳍深叉形，体背银灰色而略带黄色光泽，腹部银白而略带黄色，各鳍灰白色。

习性　主要是以植物为食的杂食性鱼，喜群集而行，择食而居。

环境　分布于池塘、湖泊、河流等淡水水域。

01
麦穗鱼
Pseudorasbora parva

鲤形目　CYPRINIFORMES
鲤科　Cyprinidae

特征　头尖，略平扁。口上位。无须。背鳍无硬刺。生殖时期雄鱼体色深黑，吻部、颊部出现珠星。雄鱼个体大，雌鱼个体小，差别明显。

习性　杂食，主食浮游动物。产卵期4—6月。卵椭圆形，具黏液，成串地黏附于石片、蚌壳等物体上，孵化期雄鱼有守护的习性。

环境　常见于江河、湖泊、池塘等水体。生活在浅水区。

02
中华细鲫
Aphyocypris chinensis

鲤形目　CYPRINIFORMES
鲤科　Cyprinidae

特征　体细长，稍侧扁，体高略大于头长。上、下颌前端不具相吻合的突起与凹陷。无口须。眼间隔宽平。侧线很短，不达腹鳍基部的上方。背鳍较后，其起点至尾鳍基部的距离小于至眼后缘的距离。尾鳍无黑斑。

习性　喜集群，游泳迅速，生长缓慢，生殖季节在5—6月，怀卵量较少。

环境　分布于中国东部水质清新的池塘、稻田、沟渠、水库及江河中。

03
雷氏七鳃鳗
Lethenteron reissneri

七鳃鳗目　PTEROMYZONIFORMES
七鳃鳗科　Petromyzonidae

特征　体呈鳗形，尾部稍侧扁。尾部较短，肛门位于体后部。头长，圆筒形。眼透明，不为厚皮膜所覆盖。鼻孔1个，位于眼前方中央。口漏斗腹位，呈圆形吸盘状，吸盘内侧具许多角质齿，无外侧齿。无上下颌。鳃囊每侧7个，每囊具1短外鳃管。鳃孔每侧7个，位于眼后。头部侧线管孔分化不明显。体无鳞。背鳍2个，在体后半部，呈两个山峰状，基底相连。臀鳍退化为皮褶。臀鳍皮褶、尾鳍和第二背鳍相连。尾鳍矛状。肛门后方具1稍圆突的尿殖乳突，其两侧皮肤隆起。无胸鳍和腹鳍。体背部暗褐色，腹部白色。

习性　个体较小的陆封性种类，半寄生性，喜栖于有缓流、沙质底质的淡水溪流中，白天隐藏在水底，晚上出来觅食。发育过程经变态，幼体长达16厘米时进入变态期，变态后消化器官萎缩，肠部分被组织填充，无寄生营养期，直接进入繁殖期。产卵期为5月末至7月。

环境　在我国仅分布于东北地区的乌苏里江、牡丹江、松花江、黑龙江干流及兴凯湖、辽宁太子河等水系。国外分布于朝鲜、日本九州和俄罗斯。

01
北方须鳅
Barbatula nuda

鲤形目 CYPRINIFORMES
条鳅科 Nemacheilidae

特征 体细长。头稍扁平，头宽大于头高。吻钝，吻长大于眼后头长。口下位，口裂弧形，其弧度或浅或略深。唇较厚，上唇中部呈"V"形缺刻，下唇中间断裂，两侧各为两列乳突，中间的乳突上端相连，下端被皱褶相隔，外侧的乳突随口裂的弧度或延长，但不超过口角；极个别的标本，中侧的乳突后延与前鳃盖之褶缘相连至峡部。上颌正常，下颌外露。须3对，端吻须后延至口角处，外吻须与口角须基本等长，口角须后延一般可达眼后缘的下方，少数只及眼下缘与后缘之间的下方。眼小，侧上位。前后鼻孔相邻或稍分开，前鼻孔在鼻瓣膜中。体被细鳞，一般前躯较少，胸部无鳞，侧线完全、平直。

习性 栖息于清冷水体。以甲壳动物、昆虫及着生藻类为食。产卵期在5月初至6月中旬。

环境 分布于河北、内蒙古、辽宁、吉林、黑龙江、新疆。

02
黑龙江中杜父鱼
Mesocottus haitej

鲉形目 SCORPAENIFORMES
杜父鱼科 Cottidae

特征 体呈锥形，头部扁平而大，尾柄较细。口端位，口裂大，上、下颌和锄骨生有绒毛状锐齿。眼顶位，眼间隔较窄。鳃盖骨后缘有4个刺状突起物。鱼体表皮除腹部外，均密布小刺。背鳍两个，胸鳍较大。腹鳍小，胸位。臀鳍大，尾鳍扇圆形。背鳍Ⅷ–Ⅸ、12–15，臀鳍11–13。鱼体黄褐色，腹部较淡，在侧线上方有3块黑斑，尾鳍上有小黑点，其他鳍灰白色。

习性 生活在江道中耐寒的底层鱼类。夏季进入山涧支流。食性以水生昆虫为主。淡水生。产卵期较早，为5月份。怀卵量3000粒左右。

环境 分布于黑龙江流域上游至黑龙江河口，乌苏里江和松花江流域。

03
北方花鳅
Cobitis granoei

鲤形目 CYPRINIFORMES
鳅科 Cobitidae

特征 体细长，稍侧扁，头较小，相对较高而侧扁。口亚下位，口须4对，吻端1对，上颌1对，口角1对，下颌1对。口须相对较长，后延达眼中央下方。眼小，眼前下方有眼下刺，眼间距短小。吻厚，眼前部狭窄而高。鳃孔小，开口于胸鳍基部。腹鳍起点于背鳍相对。尾鳍圆形，尾柄相对较长而低。鳞片细小，侧线鳞不完全。体棕灰色，腹部白色，背部具13~18个大斑，体侧及头部具蠕虫形花纹或不规则斑点。尾鳍上侧具有一明显黑斑，有的个体黑斑不明显。

习性 以藻类和高等植物碎屑为食。

环境 生活于砂砾底质的沟渠缓流或水质较肥多水草的静水环境。分布于黑龙江，滦河上游，湟水。

01
青鳉
Oryzias latipes

鳉形目　CYPRINODONTIFORMES
异鳉科　Adrianichthyidae

特征　鱼体延长，略侧扁，背部直平，腹部圆突；头中大，较宽，前端平扁；眼大而高位；口小，能伸缩；上颚短于下颚，下颚具尖细齿；背鳍1枚，具6枚软条；臀鳍基底长，具16~19枚软条，雄鱼不变形为交尾器；胸鳍具9~10枚软条；腹鳍未达到肛门；尾鳍截形。体被大圆鳞，无侧线，一纵列鳞约29枚；头部被鳞。体银白色，背面淡灰色，体背正中线自颈部至尾鳍基底具一暗褐色纵带；体侧自鳃盖后缘至尾鳍基底具一黑色纵线；各鳍暗色，雄鱼之腹鳍于繁殖季节变黑。体长不超过4厘米。野生状态下寿命一般为1~2年。

习性　喜群游于水之表层，以小动植物为食。产卵期为4—10月，卵具丝状突出物，用以缠络水草，以便孵化。

环境　生活于平地之池沼及河川水流缓慢处，水草茂盛处尤多。

02
乌鳢
Ophiocephalus argus

鳢形目　OPHICOEPHALIFORMES
鳢科　Ophicephalidae

特征　俗称黑鱼。形呈长棒状。头部扁平，顶部具许多感觉小孔，口大。吻部圆形，口内齿牙丛生。偶鳍皆小，背鳍和臀鳍特长，尾鳍圆形。头部与躯干部皆被有大小相似的鳞片。侧线完整，在胸鳍的后方有个弯曲。体色背部灰绿色，腹部灰白，体侧有"八"字形排列的显明黑色条纹。

习性　肉食性鱼类，捕食对象随鱼体大小而异。

环境　常见于江河、湖泊、池塘等水体。

03
黄黝鱼
Hypseleotris swinhonis

鲈形目　PERCIFORMES
塘鳢科　Eleotridae

特征　体短小。口斜裂，下颌稍长于上颌。两颌均具细齿。体被栉鳞。背鳍2个，彼此分离。胸鳍大。腹鳍胸位，左右分离。尾鳍圆形。雄鱼头大，嘴钝，体侧黑色斑纹较鲜艳，发情期尾柄下方出现血红色，雌鱼头小，嘴尖，色泽较暗淡，成熟后腹部丰满。

习性　食物以小鱼、小虾为主，也吃节肢类动物，每年4—7月繁殖，卵依附于水草上或石头上，雄鱼有护卵行为。卵一般在6天后孵化。栖息于水体底层。

环境　分布于全国各主要水系及湖泊、沟塘中。

01
子陵吻虾虎
Rhinogobius giurinus

鲈形目　PERCIFORMES
虾虎科　Gobiidae

特征　体小，长筒形。头宽大，吻圆钝，口前位。体被栉鳞，无侧线，背鳍两个，腹鳍愈合成长吸盘。体延长略呈圆柱状，眼大。本属鱼极难以肉眼分辨种类，或灰褐色，体侧中央具一列不规则的圆形斑块，腹部色淡；特征是头部具蠕虫状黑褐斑纹。尾鳍圆形。

习性　肉食性，以小型底栖无脊椎动物为食。会根据环境慢慢转变体色。有溯水习性，将卵产在沙穴中。4—5月产卵。

环境　常见于江河、湖泊、池塘等水体。

02
纹缟虾虎鱼
Tridentiger trigonocephalus

鲈形目　PERCIFORMES
虾虎科　Gobiidae

特征　体长41~101毫米，体前部圆筒形，后部侧扁。头平扁。颊部肌肉发达，隆突。吻短钝。眼小或中大。口大，前位。两颌各有牙2行，外行牙三叉形，内行牙简单，细尖。犁骨、腭骨均无牙。体被栉鳞，头部无鳞。背鳍2个，相距较近。左右腹鳍愈合成一吸盘。头、体灰褐色，体侧常有1~2条黑褐色纵带及数条不规则横带。背鳍、尾鳍灰黑色，具许多小白点。

习性　肉食性，以小型底栖无脊椎动物为食。生活于河口咸淡水水域及近岸浅水处。产卵期为3—7月份。

环境　常见于江河、湖泊、池塘等水体。

01

02

昆虫及其他节肢动物

地球上的昆虫种类繁多,形态各异,令人叹为观止。这些昆虫以其独特的生存方式和生物特性,在自然界中扮演着不可或缺的角色。

从体形巨大,翅膀展开后能够达到惊人的210毫米的乌桕大蚕蛾,到身长不足1毫米的微小昆虫种类,它们各自在生态系统中发挥着重要的作用。例如,一些昆虫作为传粉者,帮助植物进行繁殖;而另一些则作为分解者,将有机物质分解为更小的分子,促进自然界的物质循环。

此外,昆虫的生物学特性也极为丰富多样。有些昆虫具有特殊的防御机制,如刺蛾毛毛虫,其身体上的刺状结构不仅令人毛骨悚然,还带有毒性,能够有效防御天敌。还有一些昆虫,如竹节虫,其外表酷似树枝,使其能够很好地伪装自己,躲避捕食者的追捕。

总之,地球上的昆虫种类繁多,各具特色。它们不仅是自然界的重要组成部分,也是我们人类研究和探索生命科学的重要对象。

《中国生物物种名录》2024版收录昆虫及其他无脊椎动物60769种。

本手册根据实地影像调查,收录昆虫79科188种,其他节肢动物3科3种。

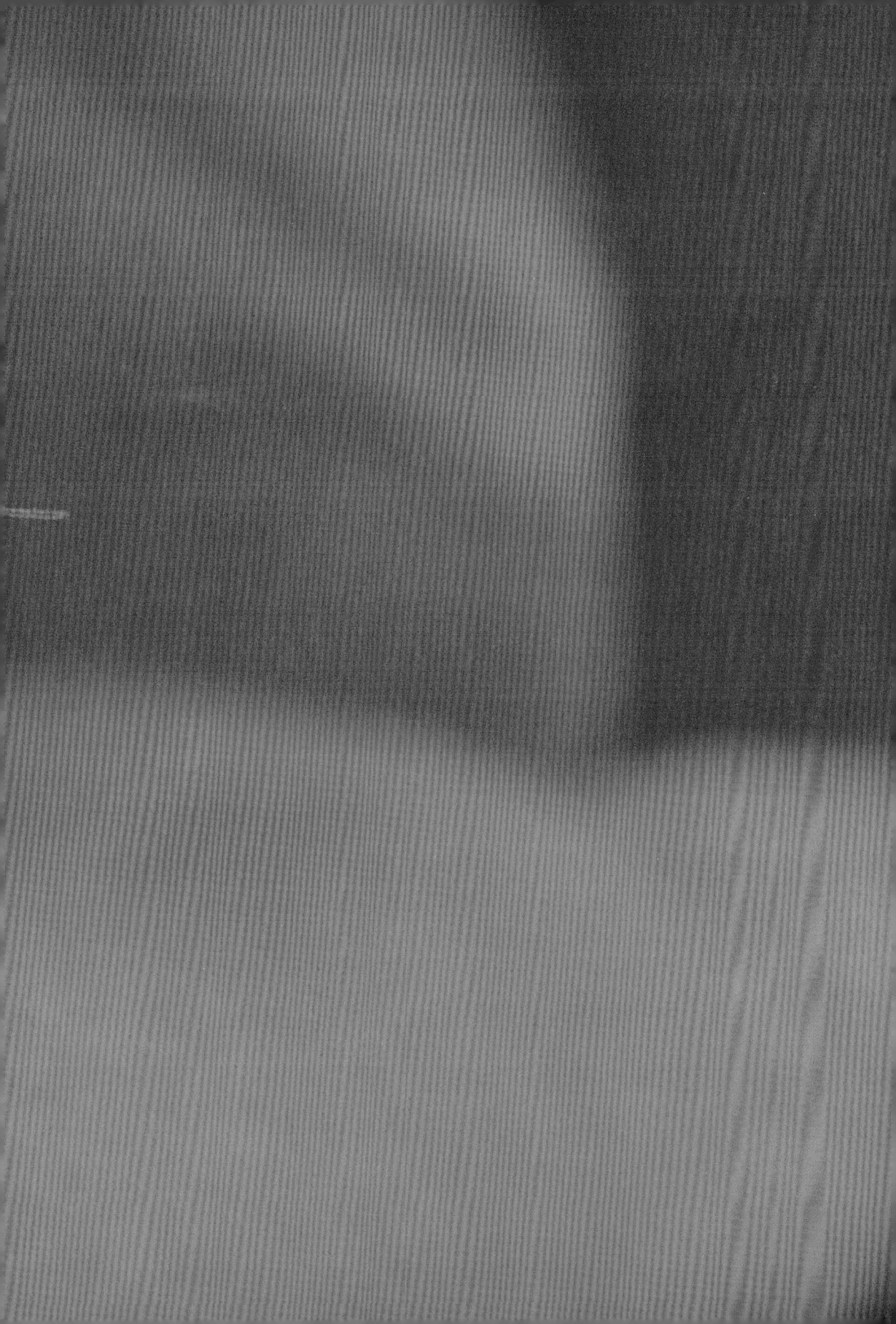

01
暗唇四节蜉
Labiobaetis atrebatinus

蜉蝣目　Ephemeroptera
四节蜉科　Baetidae

特征　体长5~5.5毫米。尾须2根，长约10毫米。触角梗节、胸部及腹部第1节黑色，腹部第2—6节浅色、透明，第2节两侧具浅褐色斜带，后几节褐色，翅透明，后翅很小。雄虫尾铗第2节基部约1/3膨大。

02
暗色蛇纹春蜓
Ophiogomphus obscurus

蜻蜓目　ODONATA
春蜓科　Gomphidae

特征　体长56~60毫米，雄性面部大面积黄绿色，头顶黑色；胸部绿色，背条纹甚阔，肩前条纹甚细，雌性体色稍淡，后头缘具1对角状突起。生活在海拔500米以下的山区溪流和宽阔的河流，飞行期6—9月。

分布　黑龙江、吉林、河北、朝鲜半岛、西伯利亚。

03
吉林棘尾春蜓
Trigomphus citimus

蜻蜓目　ODONATA
春蜓科　Gomphidae

特征　雄性复眼绿色，上唇黄色，额横纹甚阔；胸部黑色，背条纹与领条纹相连，具肩前上点和甚细的肩前下条纹，合胸侧面第2条纹大面积缺失，第3条纹完整；腹部黑色，第1—8节具灰白色斑，上肛附器上面白色，下面黑色，下肛附器黑色。雌性黑色具黄斑。

习性　栖息于海拔500米以下的池塘和流速缓慢的开阔溪流。

分布　黑龙江、吉林；俄罗斯、朝鲜半岛、日本。

04
东亚异痣蟌
Ischnura asiatica

蜻蜓目　ODONATA
蟌科　Coenagrionidae

特征　腹长22~24毫米。额顶、头顶和后头黑绿色。前胸前叶前缘、后缘黑色，中间有黄色横带，背板黑色，侧角黄绿色，后叶黑色。合胸胸背前方黑色。有2条蓝绿色背条纹；侧方黄绿色，中胸后侧片前半部黑色，翅透明。腹部背；背面黑色，有闪光；侧面有黄色条纹，雌性胸部侧面黄绿色或褐色，有黑色条纹。

习性　栖息于低海拔多水草的静水环境。

分布　河北及华北、东北、华中，俄罗斯、朝鲜、日本。

01
大赤蜻褐顶亚种
Sympetrum baccha matutinum

蜻蜓目　ODONATA
蜻科　Libellulidae

特征　雄性面部红色；胸部红色，侧面具黑色条纹，翅透明，端部具较大的黑褐色斑；腹部红色。雌性黄色具黑色条纹。本亚种与指名亚种的明显区别在翅端部具较大的褐斑。体长36~48毫米，飞行期6—9月。
习性　栖息于海拔1000米以下的湿地。
分布　黑龙江、吉林，朝鲜半岛、日本。

02
大黄赤蜻
Sympetrum uniforme

蜻蜓目　ODONATA
蜻科　Libellulidae

特征　体长42~47毫米，体金黄色，翅痣近红色；与半黄赤蜻相似，但翅色彩均匀。
习性　栖息于低海拔湿地。
分布　华北、东北、陕西、山东，俄罗斯、朝鲜、日本。

03
方氏赤蜻
Sympetrum fonscolombii

蜻蜓目　ODONATA
蜻科　Libellulidae

特征　体长35~41毫米，雄性面部红色，腹部红褐色，侧面具2条黄条纹，翅透明，后翅基部具橙黄色斑；腹部红色，端部具黑斑。雌性黄色，具黑条纹。
习性　栖息于低海拔的湿地环境。
分布　全国广布（西北除外），亚洲。

04
普赤蜻
Sympetrum vulgatum

蜻蜓目　ODONATA
蜻科　Libellulidae

特征　雄性面部黄褐色；胸部褐色，具白色的肩前条纹，翅透明，翅脉褐色；腹部红色，末端具黑斑。雌性黄褐色具黑色条纹；前翅具淡琥珀色斑；下生殖板向下伸出。本种与条斑赤蜻相似，但雄性钩片较短，雌性的下生殖板更突出，体长35~40毫米。
习性　栖息于海拔1000米以下水草茂盛的湿地。

01
秋赤蜻
Sympetrum frequens

蜻蜓目　ODONATA
蜻科　Libellulidae

特征　雄性面部黄色；胸部黄褐色，侧面具黑色细条纹，翅透明；腹部红色。雌性多型，腹部橙红色或土黄色，侧缘具较小的褐色斑。本种与扁腹赤蜻相似，但身体的黑色条纹更显著，雄性的肛附器和雌性的下生殖板构造都与扁腹赤蜻不同。

习性　栖息于海拔1000米以下湿地和水稻田。

02
竖眉赤蜻
Sympetrum eroticum

蜻蜓目　ODONATA
蜻科　Libellulidae

特征　腹长24~28毫米。前额有2个有时相连的眉状黑斑。头顶中央突起前有1条黑色宽条纹；后头褐色。前胸深褐色，有黄斑。合胸背前方黄褐色，合胸脊和领黑色，与脊两侧条纹形成黑三角形，三角形黑斑左右各有1条黑纹。侧面黄色，有黑色条纹。翅透明，翅痣赤黄色。腹部深红色，第4—8节末端下侧有1黑斑；第9节下侧缘黑色。雌性腹部深黄色。

习性　栖息于低海拔湿地环境。

分布　河北、北京、浙江、福建。

03
线痣灰蜻
Orthetrum lineostigma

蜻蜓目　ODONATA
蜻科　Libellulidae

特征　腹长27~30毫米。体灰色，额灰黑色，两侧和前缘暗黄色，头顶黑色；后头深褐色，有黄斑；翅透明，末端淡褐色。腹部背中脊和第2、3节的横脊、各节后缘、下侧缘黑色。雌性面部黄色；前胸黑褐色，背板中央具2黄斑；合胸背前方黄褐色。

习性　栖息于水草茂盛的浅水和池塘。

分布　吉林、辽宁、北京、河北、河南、山西、陕西、山东、江苏；朝鲜半岛。

04
费蜻
Filchneria sp.

襀翅目　PLECOPTERA
网襀科　Perlodidae

特征　体中至大型，黑褐色，头部和前胸背板中部有黄褐色斑。头略比前胸宽，单眼排列成等边三角形，两后单眼较近复眼。翅在前端顶角有网状横脉。

分布　黑龙江。

01
薄翅螳
Mantis religiosa

螳螂目 MANTODEA
螳科 Mantidae

特征 雄性体长48~60毫米，雌性体长43~88毫米，体淡绿色至褐色，前翅前缘常有红褐窄边三角形。前翅雄性薄而透明，雌性略带革质，前缘常有红褐色边。

习性 栖息于开阔的草地环境。

分布 全国广布，世界广布。

02
中华大刀螳
Tenodera sinensis

螳螂目 MANTODEA
螳科 Mantidae

特征 雄性体长68~94毫米，雌性体长74~120毫米。体绿色至暗褐色。头三角形。前胸背板端部略宽，基部和端部两侧有明显齿列；前半部中纵沟两侧有许多小颗粒。前翅前缘区较宽；后翅长略超过前翅，有透明斑纹，前缘区为紫红色。足细长，前足基节长度超过前胸背板后半部的2/3，基节下部外缘有16根以上的短齿列，前足腿节下部外线有4根等长的刺。

03
黄胫小车蝗
Oedaleus infernalis

直翅目 ORTHOPTERA
斑翅蝗科 Oedipodidae

特征 雄性体长20~25.5毫米，雌性体长29~35.5毫米。体暗褐色至草绿色。前胸背板略屋脊状，中部略窄；"X"形纹后臂宽于前臂。前翅长超过后足腿节，端半部较透明，散布暗色斑纹。后翅略短于前翅，基部淡黄色，中部暗横带窄。后足腿节具3黑斑，下侧内缘雄性红色，雌性黄褐色，膝部黑色；后足胫节雄性红色，雌性黄褐色或淡红黄色，基部黑色，近基部具1个淡斑。

习性 栖息于山区坡地。

分布 华北、黑龙江、吉林、陕西、宁夏、甘肃。

04
条纹异爪蝗
Euchorthippus vittatus

直翅目 ORTHOPTERA
斑翅蝗科 Oedipodidae

特征 雄性体长17~17.5毫米，雌性体长20~21毫米。体黄绿色，眼后具黑色宽带。雄性头顶较窄，雌性较宽，两性顶端均呈圆形。雄性触角长，可超过后足腿节基部。前胸背板仅后横沟明显，沟前区略长于沟后区。

习性 成虫生活在较高海拔的草地上。

01
亚洲小车蝗
Oedaleus decorus asiaticus

直翅目　ORTHOPTERA
斑翅蝗科　Oedipodidae

特征　雄性体长 18.5~22.5 毫米。体常黄绿色、暗褐色或在颜面、颊、前胸背板、前翅基部及后足股节处带绿斑。前胸背板中部收窄；"X"形淡色纹前后臂等宽。前翅、后翅长超过后足腿节；前翅基半有 2~3 个大黑斑，端半有细碎褐色斑。后足腿节顶端黑色，上侧和内侧具 3 个黑斑。后足胫节红色，基部淡黄褐色，背侧常混杂红色。

习性　取食各种牧草。

02
云斑车蝗
Gastrimargus marmoratus

直翅目　ORTHOPTERA
斑翅蝗科　Oedipodidae

特征　体长 28~30 毫米。体色变异较大，绿色、枯草色、黄褐色或暗褐色，具大理石状斑纹。板侧片有较大黄色斑块，并混有黑斑。后足腿节沿内侧、外侧上隆线、下隆线具黑色小点；后足胫节鲜红色。前翅几乎长达后足胫节中部，密布暗色云状斑纹；后翅基部鲜黄色，中部暗褐色。尾须长柱状，顶尖圆。

习性　主要取食水稻、甘蔗等禾本科作物，也取食竹类等其他植物。

分布　黑龙江、吉林、辽宁、山东、四川、重庆、江苏、浙江、福建、广东、香港、广西、海南；日本、朝鲜、菲律宾、马来西亚、印度尼西亚、越南、泰国、缅甸、印度。

03
长翅幽蝗
Ognevia longipennis

直翅目　ORTHOPTERA
斑翅蝗科　Oedipodidae

特征　雄性体长 20~26.1 毫米，雌性体长 24.5~34.3 毫米。体绿色、单一。触角细长，远超过前胸背板后缘。前胸、背板近于圆筒状；后缘宽三角形，顶端圆；3 条背横沟黑色；侧面上方黑带纹达到眼后。前翅长远超后足腿节，后翅透明，端半部略烟色。后足腿节内侧、下侧黄色，外侧黄绿色；背面有 1~2 个略黑斑点。后足胫节黄色，近基部有暗环，背刺基部黄色，端部黑色。

04
东方蝼蛄
Gryllotalpa orientalis

直翅目　ORTHOPTERA
蝼蛄科　Gryllotalpidae

特征　体长 25~34.5 毫米，体背面红褐色，腹面黄褐色；前翅褐色，翅脉黑褐色；足浅褐色；腹部各节腹面具 1 对小暗色印迹。腹部末端背面两侧各具 1 列毛刷。尾须细长。

习性　成虫、若虫均土中活动，取食种子、幼芽或幼苗。

分布　河北、北京、天津、内蒙古、青海、东北、华东。

雌

01

02

03

04

01
华北蝼蛄
Gryllotalpa unispina

直翅目　ORTHOPTERA
蝼蛄科　Gryllotalpidae

特征　体长25~34.5毫米。体褐色。头狭于前胸背板，额部凸起，复眼小而突出，有2个侧单眼。触角较短，前胸背板具短绒毛，中央具光滑的2条纹，前翅淡褐色，具绒毛。

习性　杂食性害虫，主要咬食植物的地下部分。

分布　华北、吉林、辽宁、宁夏、甘肃。

02
长瓣树蟋
Oecanthus longicauda

直翅目　ORTHOPTERA
树蟋科　Oecanthidae

特征　体长11.5~14毫米。体细长、纤弱，一般灰白色、淡绿色或淡黄色。前胸背板长，向后稍扩宽；雄性后胸背板具1个大的圆形腺窝，内具瘤状突起。雄性前翅透明，镜膜甚大，内具分脉1条，斜脉3条。足细长；前足胫节内侧、外侧具大的长椭圆形膜质听器；后足胫节背面具刺，刺间具背距，胫节外侧上端距较长，爪基部具1齿突。产卵瓣矛状，端部较圆，具齿。

习性　果树或林木上栖息，植食性。

分布　北京、陕西、黑龙江、吉林、山西、浙江、江西、福建、台湾、湖南、广西、四川、贵州、云南；日本、朝鲜、俄罗斯。

03
油葫芦
Cryllus testaceus

直翅目　ORTHOPTERA
蟋蟀科　Gryllidae

特征　成虫体长19.9~30.1毫米，体色有黑褐色、黄褐色等，浑身油光闪亮；头部黑色，呈圆球形；颜面黄褐色；头部的两条触角呈"八"字形，触角窝四周黑色；前胸背板黑褐色，具左右对称的淡色斑纹，侧板下半部淡色；前翅背面褐色，有光泽，侧面黄色；尾须很长，能超过后足股节。

习性　取食禾本科等植物的根、茎、叶。

分布　北京、陕西、河北、山西、河南、山东、江苏、安徽、江西、福建、湖南、广东、广西、四川、贵州、云南；日本。

04
日本蚱
Tetrix japonica

直翅目　ORTHOPTERA
蚱科　Tetrigidae

特征　体长7~13毫米。体黄褐色至深褐色，具小颗粒。头顶稍突出于复眼前缘。前胸背板长达后足腿节端部；前缘平直，中隆线完整在横沟间略呈屋脊状；背面中部有2对深褐色至黑色的近方形斑，后稍短于前胸背板后突。后足腿短，上侧和外侧上部常有2黑色横背隆线具浅黄色和褐色相间的条带，上膝片色深。

习性　以地衣、苔藓、菌类、苦菜、车前草等为食，也危害蔬菜等农作物。

分布　黑龙江、吉林、辽宁等全国各地；俄罗斯、日本、朝鲜。

01
暗褐蝈螽
Gampsocleis sedakovii

直翅目　ORTHOPTERA
螽斯科　Tettigoniidae

特征　体长35~40毫米。体草绿色或褐绿色。体形粗壮，头大，前胸背板马鞍形，翅端狭圆，翅面具草绿色条纹，并布满褐色斑点，呈花翅状；边缘具褐绿相间的斑纹；雌性颜色偏绿。

习性　成虫出现可一直延续到8—9月，寿命2—3个月。

分布　中国北方各省。

02
秋掩耳螽
Elimaea sp.

直翅目　ORTHOPTERA
螽斯科　Tettigoniidae

特征　前翅长26~28毫米。体绿色，体背面白，头至翅端形成褐色纵带；触角黑褐色，具白色环，基部红褐色；中、前足腿节以下染橘红色，后足腿节端部以下染褐色。前翅短于后翅，网纹状翅脉红褐色。产卵器短镰状，长5~6毫米，上弯，周边染棕色。雄虫尾须弯曲，端部稍扩大，顶端齿状。

习性　8—10月可见成虫。

03
日本条螽
Ducetia japonica

直翅目　ORTHOPTERA
螽斯科　Tettigoniidae

特征　体长16~28.9毫米。体绿色，前翅后缘带褐色；头顶尖角形，狭于触角第1节。前翅狭长，近端部具4~6条近于平行的翅脉。足腿节腹面均具刺。雄尾须细长且大；产卵器弯镰形。

习性　主要取食杂草的叶片，也会捕食一些小昆虫。

分布　北京、河南、江苏、上海、浙江、安徽、福建、台湾、湖南、广东、广西、海南、贵州、云南、西藏；日本、朝鲜、俄罗斯、印度、斯里兰卡、东南亚至澳大利亚。

04
短额负蝗
Atractomorpha sinensis

直翅目　ORTHOPTERA
锥头蝗科　Pyrgomorphidae

特征　雄性体长19~23毫米，雌性体长28~35毫米。体草绿色或褐黄色，散布小淡色斑；后翅玫瑰红色或红色。头顶较短，向顶端变窄；颜面倾斜；眼后有1列排列整齐的稀疏小颗粒。前胸背板背面略平，前缘弱弧形。

习性　一年发生2代，秋季是危害高峰期。

分布　北京、陕西、甘肃、青海、宁夏、内蒙古、辽宁、天津、河北、山西、河南、山东、江苏、上海、浙江、安徽、江西、福建、台湾、湖北、湖南、广东、广西、海南、重庆、四川、贵州、云南；日本、朝鲜。

若虫

01
迭球螋
Forficula vicaria

革翅目　DERMANTERA
球螋科　Forficulidae

特征　体长9~11.5毫米。体暗褐色，前胸背板侧边灰褐色，触角、鞘翅和后翅暗红褐色，足和尾铗基部灰黄色。前胸背板后缘圆弧形；鞘翅后缘、末腹背板近后缘两侧各有1小隆突。尾铗基部内缘扁扩，后部内缘稍弧弯，顶端尖。雌性尾铗直，无内扩，基部宽，后部圆柱形，顶端尖。

分布　河北、西藏，俄罗斯、蒙古国、朝鲜。

02
斑须蝽
Dolycoris baccarum

半翅目　HEMIPTERA
蝽科　Pentatomidae

特征　体长8~13.5毫米，触角5节，第1节、第2—4节的两端和第5节基部黄白色，触角整体黑白相间，形成"斑须"。

习性　寄主范围很广，可取食苹果、梨、桃、月季等多种木本植物和小麦、大豆、玉米、高粱、油菜、菊花等草本植物，喜欢刺吸植物的果实。6—10月可见成虫。

分布　北京、河北、山西、内蒙古、辽宁、吉林、黑龙江、江苏、浙江、福建、江西、山东、河南、湖北、湖南、广东、广西、海南、四川、贵州、云南、西藏、陕西、甘肃、青海、宁夏、新疆；古北界、北美洲。

03
褐真蝽
Pentatoma semiannulata

半翅目　HEMIPTERA
蝽科　Pentatomidae

特征　体长17~20毫米，体红褐色至黄褐色，具棕黑色刻点；触角细长，第4、5节基部为黑色；胸背板前侧缘具黄白色边，前半部锯齿状；腹部侧接缘黄绿色和黑色相间，黑色部分较小。成虫具趋光性。

习性　寄主植物为梨、桦树等。

分布　河北、山西、内蒙古、辽宁、吉林、黑龙江、江苏、浙江、江西、河南、湖南、湖北、四川、贵州、陕西、甘肃、青海、宁夏；俄罗斯、蒙古、朝鲜、韩国、日本。

04
红足真蝽
Pentatoma rufipes

半翅目　HEMIPTERA
蝽科　Pentatomidae

特征　体长12.5毫米；体暗褐色，足橙色，小盾片端部橙黄色（有时变浅），腹部侧接缘黑（带蓝色）黄相间；触角橙色，端部暗色，第3节远长于第2节；头侧叶长于中叶；前胸背板前，西侧缘在近前端弯曲，侧角扁宽，端尖细小，向外突出。8、9月可见成虫。在白桦、黑桦、榆、大叶白蜡、黄花柳、旱柳等植物上发现若虫，成虫具趋光性。

分布　北京、陕西、宁夏、甘肃、青海、新疆、内蒙古、东北、河北、山西、四川。

01
辉蝽
Carbula humerigera

半翅目　HEMIPTERA
蝽科　Pentatomidae

特征　体长10~11毫米，宽7~7.7毫米。黄褐色。头黑褐色，单眼间色浅；触角黄褐色。小盾片基缘3小黄斑。前翅革片外缘基部具黄白色窄边，膜片烟灰色，足黄褐色；腿节和胫节散布小黑斑；腹侧接缘轻微外露并为黑色，各节外缘中央具黄白色弧形斑。

习性　取食大豆、胡枝子、水稻、禾本科杂草等。

分布　河北、山西、浙江、安徽、福建、江西、河南、湖北、湖南、广东、广西、四川、贵州、云南、陕西、甘肃、青海；日本。

02
宽碧蝽
Palomena viridissima

半翅目　HEMIPTERA
蝽科　Pentatomidae

特征　体长12~14毫米，宽7.5~9.2毫米。宽椭圆形，鲜绿色至暗绿色，前胸背板侧缘、侧角外缘、前翅革片外缘基部和腹侧接缘外缘淡黄褐色。触角第1—3节绿色，第4节基部绿色，第4节端部3/4和第5节红褐色，前胸背板胝区明显，侧缘略向外弓形凸出，侧角略伸出，末端圆钝，微上翘。前翅膜片棕色，半透明。足淡绿色，腿节外侧近端部1小黑点。腹侧接缘外露，密被小黑刻点。

习性　取食麻、玉米等。

分布　华北、黑龙江、吉林、陕西、宁夏。

03
全蝽指名亚种
Homalogonia obtusa obtusa

半翅目　HEMIPTERA
蝽科　Pentatomidae

特征　体长12~15毫米，宽7.5~9毫米。宽椭圆形，灰褐色、黄褐色至黑褐色。头侧缘稍上卷；触角棕红色，末2节端半黑色。前胸背板前侧缘端半部锯齿状，侧角钝圆稍上翘，胝区后方4小白斑；小盾片末端狭，钝圆。前翅革片颜色均一，膜片灰黄、透明。足浅黄褐色，腿节和胫节散布黑斑，腿节斑点较胫节大。腹侧接缘外露，棕褐色，密布黑刻点。

习性　取食玉米、大豆、漆树、栎、马尾松、油松、刺槐、苦楝、胡枝子、苹果及其他蔷薇科果树。

分布　全国广布，俄罗斯、朝鲜、日本、印度。

04
斯氏珀蝽
Plautia stali

半翅目　HEMIPTERA
蝽科　Pentatomidae

特征　体长9.5~12.5毫米，与珀蝽相近，但前胸背板及小盾片上具明显粗大的刻点（且刻点间互相接近），前胸背板前侧缘具黑褐色细纹，体无明显的黄色斑。可在榆、山楂、洋白蜡、女贞、荆条、圆叶牵牛等植物上发现。

分布　北京、陕西、甘肃、吉林、辽宁、河北、山西、河南、山东、江苏、浙江、江西、福建、湖南、湖北、广东、广西、四川；日本。

01
紫蓝曼蝽
Menida violacea

半翅目　HEMIPTERA
蝽科　Pentatomidae

特征　体长8~10毫米，体紫蓝色，具金绿光泽，密布黑色刻点；头中叶近基部具2条白色茸细纹，前胸背板前缘及前侧缘白色，后区具白色宽带，小盾片末端白色。5—9月可见成虫于梨、山楂、榆、杨、柳、鹅耳枥、白桦、大叶白蜡、核桃楸等树木及一些草本植物上。

分布　中国大部分省份；俄罗斯、朝鲜、韩国、日本、印度。

02
白斑地长蝽
Panaorus albomaculatus

半翅目　HEMIPTERA
地长蝽科　Rhyparochromidae

特征　体长7~7.5毫米。头黑色，无光泽，披金黄色平伏短毛。前胸背板前叶黑色，后叶具黑色刻点，两侧淡黄色，其上无刻点。小盾片黑色，前端具"V"形淡黄色纹。前翅革片后端具一个近三角形白色斑。

习性　刺吸板栗、杨、榆等植物的汁液，多见于地面，也可在多种植物上发现，甚至访花（旋覆花等），具趋光性。

分布　北京、陕西、吉林、天津、河北、山西、河南、江苏、湖北、湖南、广西、四川、日本、朝鲜、中亚。

03
扁盾蝽
Eurygaster testudinarius

半翅目　HEMIPTERA
盾蝽科　Scutelleridae

特征　体长8~10.9毫米。体色（及斑纹）有变化，从灰黄褐色至暗棕色。

习性　取食麦类、水稻及其他一些禾本科植物；6—8月可见成虫，除了禾草外还见于刺儿菜、万年蒿等菊科植物。

分布　北京、陕西、新疆、黑龙江、吉林、河北、山西、山东、江苏、浙江、江西、四川，俄罗斯。

04
大鳖负蝽
Lethocerus deyrolli

半翅目　HEMIPTERA
负蝽科　Belostomatidae

特征　体长60~90毫米。深褐色。头宽约为长的3倍，前翅革片发达，翅脉清晰，与爪片边界明显，膜片半透明。前足腿节显著膨大，宽扁；小盾片三角形。腿节、胫节和跗节腹侧被游泳毛。

分布　河北、北京、天津、山西、辽宁、陕西、山东、江苏、上海、安徽、浙江、台湾、湖北、湖南、广西，俄罗斯、韩国、日本。

若虫

01
斑楔齿爪盲蝽
Deraeocoris ater

半翅目　HEMIPTERA
盲蝽科　Miridae

别名　黑齿爪盲蝽。

特征　体长7.9~9.3毫米，体色多变化，体背常黑色，仅前翅楔片基部白色或红色；头后的颈片光亮，小盾片具稀疏的刻点；腿节黑色，端部常红褐色至褐色。7月可见成虫，可在洋白蜡、山楂、油松等植物上发现，捕食洋白蜡卷叶绵蚜、豌豆蚜等小型昆虫。

分布　北京、陕西、甘肃、内蒙古、黑龙江、河北、日本、朝鲜、俄罗斯。

02
淡尖苜蓿盲蝽
Adelphocoris sichuanus

半翅目　HEMIPTERA
盲蝽科　Miridae

特征　体连翅长6.1~8毫米。头顶或多或少具"X"形黑褐色斑；小盾片污褐色，端角处呈黄白色菱形斑。腿节紫黑色，后足腿节近端具较浅色斑或环；胫节淡锈褐色。8—9月见成虫于灯下，或见于山楂叶悬钩子上。

分布　北京、甘肃、黑龙江、天津、江苏、浙江、江西、湖北、四川、贵州。

03
条赤须盲蝽
Trigonotylus caelestialium

半翅目　HEMIPTERA
盲蝽科　Miridae

特征　体长5~6毫米，细长，鲜绿色。头中央1淡褐色纵纹，两侧各1淡褐色细纵纹；触角红色。前胸背板长略小于宽，有时具不明显的4暗色纵纹，中央1对位于中线两侧，外侧1对位于侧缘内侧。小盾片中纵纹淡色，两侧有时具暗色纵纹。前翅爪片与革片一色，膜片淡褐色，半透明，翅脉淡绿色。胫节端部及跗节红色至红褐色。

习性　取食小麦、水稻、玉米等禾本科植物。

分布　北京、河北、内蒙古、黑龙江、吉林、辽宁、山东、河南、江苏、江西、安徽、陕西、甘肃、青海、宁夏、新疆等；古北区、北美。

04
中黑苜蓿盲蝽
Adelphocoris suturalis

半翅目　HEMIPTERA
盲蝽科　Miridae

别名　中黑盲蝽。

特征　体连翅长5.5~7毫米。唇基或头的前端黑色。前胸背板具1对大黑色斑，或斑纹变小、颜色变浅。小盾片褐色或黑褐色，无浅色中纵。革片在近楔片内角呈黑褐色。后足腿节具略成形的黑褐色及红褐色斑点。

习性　取食苜蓿、棉、麻、玉米、高粱等多种农作物及其他植物。

分布　黑龙江、吉林、内蒙古、天津、河北、山东、河南、陕西、甘肃、四川、贵州、湖北、江苏、安徽、上海、浙江、江西、广西等；日本、朝鲜、俄罗斯。

01
黑头苜蓿盲蝽
Adelphocoris melanocephalus

半翅目　HEMIPTERA
盲蝽科　Miridae

特征　体长7~8.2毫米；体污黄褐色，头部全部或几乎全黑色或黑褐色，触角第1节紫褐色。前胸背板近后缘具黑褐色宽横带；小盾片黑褐色，端角浅色。成虫具趋光性。

习性　取食艾蒿等植物。

分布　北京、天津、河北、山西、内蒙古、辽宁、甘肃。

02
绿色柽盲蝽
Tuponia virentis

半翅目　HEMIPTERA
盲蝽科　Miridae

特征　雄虫体连翅长2.1~2.2毫米，雌虫1.8~2.2毫米。体绿色，被近倒伏的黑褐色较长刚毛和银色的丝状毛。喙绿色（口针带褐色），末节黑色，伸达后足基节。触角第1节同体色，余淡黄褐色。

03
环斑猛猎蝽
Sphedanolestes impressicollis

半翅目　HEMIPTERA
猎蝽科　Reduviidae

特征　体长13.1~18毫米，宽3.4~5.2毫米。粗壮，黑色。喙第1节端半部或大部、头部腹面黄色至黄褐色，单眼外侧、单眼之间具黄斑；触角第1节2浅色环纹，有时模糊。前胸背板前叶圆隆，中纵沟细，两侧中央各1小瘤突；后叶颜色多变，从完全黑色至完全黄色，中纵沟较宽深，侧角钝圆。各足腿节3完整单色环纹，胫节近基部1单色环纹。腹侧接缘各节端部浅色。

习性　捕食多种昆虫。

分布　河北、北京、辽宁、陕西、甘肃、华东、华中。

04
青革土蝽
Macroscytus subaeneus

半翅目　HEMIPTERA
土蝽科　Cydnidae

别名　方革土蝽。

特征　体长9~9.2毫米。褐色至黑褐色。头背具6根长刚毛，触角长于前胸二背板，各节均长于前一节。前胸背板前半部及后缘光滑，其余部分具稀疏刻点，侧缘具6~9根刚毛。前翅前缘基部具2根刚毛。

习性　取食豆类花生和禾草的根系汁液。6—9月可见成虫，具趋光性。

分布　北京、甘肃、河南、山东、上海、江苏、浙江、江西、福建、台湾、湖北、湖南、广东、四川、贵州、云南；日本、朝鲜、俄罗斯、缅甸、越南。

若虫

01
环角娇异蝽
Urostylis annulicornis

半翅目　HEMIPTERA
异蝽科　Urostylidae

特征　雄虫体连翅长12.6毫米。体背面绿色，前翅两侧基部黄色，膜区淡烟色，腹面淡黄绿色。触角第3节褐色，基部淡黄褐色。前胸背板、小盾片及前翅爪片和革片具黑褐色或黑色刻点，前足胫节基部具黑色环，胫节端部及跗节橙黄色或黄褐色。

习性　寄主为栎类，如蒙古栎等。

分布　北京、陕西、甘肃、内蒙古、黑龙江、吉林、河北、天津、河南、浙江。

02
稻棘缘蝽
Cletus punctiger

半翅目　HEMIPTERA
缘蝽科　Coreidae

特征　体长9.5~11.6毫米，宽2.8~3.5毫米。狭长，黄褐色，密布黑褐色颗粒状刻点。头短，前触角棕红色，端节棕褐色。前胸背板两侧具尖细角状突，略上翘，末端黑色，其后侧缘具齿；腹侧接缘黑色，边缘黄色。

习性　取食水稻、甘蔗、小麦、谷子等禾本科植物。

分布　河北、北京、陕西、华东、台湾、华中、华南、四川、云南、西藏、朝鲜、日本。

03
斑红长蝽
Lygaeus teraphoides Jakovlev

半翅目　HEMIPTERA
长蝽科　Lygaeidae

特征　体长约10毫米。体红色具黑色斑。头黑色，头顶至中叶中央红色。前胸背板前缘各具2个黑色斑，其中前2个大且相连。小盾片黑色，端部红色，中部"T"形脊明显。前翅膜片黑褐色，超过腹部末端，在接近革片端角处具白色斑点，膜片外缘白色。

习性　可取食板栗、酸枣等植物；7—8月可见成虫。

04
黄尖胸沫蝉
Aphrophora pectoralis

半翅目　HEMIPTERA
尖胸沫蝉科　Aphrophoridae

别名　柳尖胸沫蝉。

特征　体连翅长9~10.9毫米。体灰黄色至黄棕色。前翅基部2/5前缘常呈浅黄色，此后带暗褐色，有些个体翅中部前具1条稍斜的暗褐色横带。

习性　寄主为多种柳树，6—7月可见成虫，具趋光性。

分布　北京等；日本、朝鲜、俄罗斯、欧洲。

01
鞘圆沫蝉
Lepyronia coleoptrata

半翅目　HEMIPTERA
尖胸沫蝉科　Aphrophoridae

特征　体连翅长5.3~7.9毫米。体灰褐色至暗褐色，腹面颜色较深，多为黑褐色；前翅从前缘中部斜伸2条宽度相近的"V"形深色带，在两翅背面呈近菱形。后唇基大，强烈隆起。后足胫节粗壮，具强大的2枚侧刺和众多端刺。

习性　寄主为水稻、芦苇及其他禾本科植物。7月可见成虫。

02
东北丽蜡蝉
Limois kikuchi

半翅目　HEMIPTERA
蜡蝉科　Fulgoridae

特征　体长约10毫米，翅展约33毫米。头小，额部黑褐色，两侧具脊线，近基部扩大，中域2纵脊。前胸背板肩部1近圆形黑斑，中脊淡黄色，其两侧具黑褐色纵条；中胸背板中脊线附近色深，具不规则黑点，侧脊线外1大黑斑。前翅基部1处米黄色，散布许多大小不等的褐色斑。

分布　河北、东北、朝鲜。

03
黑腹直脉曙沫蝉
Eoscarta assimilis

半翅目　HEMIPTERA
沫蝉科　Cercopidae

特征　体连翅长6.5~7.8毫米。体色多变，典型为黑褐色，前胸背板2/3后缘及前翅红褐色，翅外缘玫瑰红色；有时颜色变深，几乎整体呈黑褐色，仅前翅外缘红褐色；或体色变浅，整体黄褐色，仅头部颜色略深。头额近长方形隆起，中央具2条近于平行的纵脊，两侧具8条稍斜的脊线。

习性　可取食多种植物，7—9月可在刺槐、榆、香椿、核桃楸等植物上见到。

分布　陕西、甘肃、黑龙江、吉林、河北、江苏。

04
窗耳叶蝉
Ledra auditura

半翅目　HEMIPTERA
叶蝉科　Cicadellidae

特征　雄虫体连翅长12.5~13毫米，雌虫一般17.3~18毫米。体暗褐色，头冠具浅色区域，似"天窗"，腹面（包括足的腹面）淡黄褐色，但头、颜面前部（除"窗"外）黑褐色，或仅颜面中央端部黑褐色。头冠中央及两侧具"山"字形隆脊。6—8月可见成虫，具趋光性。

分布　北京、陕西、浙江、安徽、福建、台湾、广东、香港、贵州、日本、朝鲜、俄罗斯。

01
大青叶蝉
Cicadella viridis

半翅目　HEMIPTERA
叶蝉科　Cicadellidae

特征　体长7~10毫米；草绿色，头顶有1对黑斑；前翅黄绿色，前缘淡白色，端部透明，翅脉黄褐色，具有淡黑色窄边。老熟若虫头部有2个黑斑，胸背及两侧有4条褐色纵纹。可取食160种植物，包括多种树木、蔬菜、禾本科农作物、豆类、棉及花卉等。5—11月可见成虫，具趋光性。

分布　我国广泛分布，世界各地均有分布。

02
鹅耳眼小叶蝉
Alebra neglecta

半翅目　HEMIPTERA
叶蝉科　Cicadellidae

特征　雄虫体连翅长3.6毫米。体淡黄色，小盾片及前翅末端1/3处颜色稍浅，复眼大部分为白色。尾节侧瓣后缘背突黑色，短小。稍向背面延伸，略呈小齿状。

习性　寄主较多，欧洲鹅耳枥、稠李、欧洲甜樱桃，以及赤杨属、栗属、山楂属、蔷薇属、苹果属、花楸属等。

03
黑点片角叶蝉
Podulmorinus vitticollis

半翅目　HEMIPTERA
叶蝉科　Cicadellidae

特征　体长（至前翅顶端）5.8~6.4毫米。浅灰褐色，头冠中央和基缘1倒"T"形浅色中纵纹，近复眼处2对黑斑；颜面橙黄色，无斑纹；复眼棕红色。前胸背板近端部散布不规则黑斑，基部暗褐色；小盾片两基角各1倒三角形黑斑，中间1黑纵纹，其顶端二叉状且两侧各1黑圆斑；足浅黄褐色，胫节背侧和腹侧各1黑纵纹；爪黑色。

习性　取食杨、柳、槐等。

分布　河北、北京、黑龙江、甘肃、贵州、朝鲜。

04
片头叶蝉
Petalocephala sp.

半翅目　HEMIPTERA
叶蝉科　Cicadellidae

特征　体长9毫米，头宽2.8毫米。头冠呈半圆形，中央具1纤细纵脊。前翅黄褐色半透明，翅脉略突出，端半翅脉网状。后足胫节侧缘具强刺5~6根。体背面密布刻点。全体深褐色，前胸背板及前翅各脉上散生黑褐色小点，足胫节末端及跗节黑褐色并带有浅色环纹。

01
绿胸片头叶蝉
Petalocephala viridis

半翅目　HEMIPTERA
叶蝉科　Cicadellidae

特征　雄虫体连翅长8.9~9.6毫米。体黄绿色至翠绿色，头冠边缘红色（与颜面基缘的红色一体），体背及部分翅脉散布黄绿色小斑点，前翅合缝处的后大部褐色。8—9月见成虫于灯下。

02
拟隐脉叶蝉
Sophonia sp.

半翅目　HEMIPTERA
叶蝉科　Cicadellidae

特征　体细长，黄色。头冠单色，前缘色略浅，前端锐角前凸；复眼淡灰色。前胸背板黄色，四周色略深，小盾片黄棕色，端部色浅。前翅浅黄色，半透明，端部色浅，淡黄白色，端片和端室基部浅褐色；前缘端部具2褐色斜纹，端部第2端室基部具1黑褐色圆形斑，周边色浅；爪片端部1深褐色短纹。

03
柔雅小叶蝉
Eurhadina sp.

半翅目　HEMIPTERA
叶蝉科　Cicadellidae

特征　雄虫体连翅长3.4毫米。体淡黄色，前翅前缘近基部具椭圆形白色斑，翅端淡褐色与白色相间，中央具一黑褐色圆斑，其内侧前后缘具5条褐色纹，其中1条较长。腹部背面中基部及下生殖板端黑褐色。8—9月见成虫于杨树林或灯下。

04
小贯小绿叶蝉
Empoasca onukii Matsuda

半翅目　HEMIPTERA
叶蝉科　Cicadellidae

特征　雄虫体连翅长3.2毫米。体黄绿色至淡绿色，头胸部具淡白色斑，头冠中线具"1"字形白色斑，其两侧各具1点斑，前缘两侧具白色横斑，有时斑纹可减退，或扩大相连。小盾片中部具长形白色斑，或为2相邻的纵条，横脊后具1白色斑。

01
锥头叶蝉
Japananus hyalinus

半翅目　HEMIPTERA
叶蝉科　Cicadellidae

特征　体长4.3~5.5毫米；体淡黄绿色，或黄绿色，前翅透明，具3条黄褐色横带，并具黑褐色斑；头冠长，超过复眼间宽，向前成角状突出；前翅爪片上两翅脉在中部愈合；雌虫头冠较尖，翅脉染红色；雄虫头冠稍不尖（头顶短），翅脉无色或不明显。6—8月可见成虫，具趋光性。

02
梭毒隐翅虫
Paederus fuscipes

半翅目　HEMIPTERA
隐翅虫科　Staphylinidae

特征　体长6.5~8毫米。头黑色，光亮，疏布刻点；触角细长，向后伸达鞘翅中部，基3节黄褐色，余节黑色。前胸背板黄红色，长大于宽，近端部最宽，约与头部等宽；基半部两侧近平行；盘区光滑。鞘翅黑色，具蓝绿色金属光泽；较前胸背板宽；盘区粗糙，足黑色，但腿节大部黄色。腹部第1—4节可见背板红黄色，余节黑色；第1腹板具脊。成虫捕食多种昆虫和朱砂叶螨。

分布　北京、天津、河北、山东、河南、江苏、江西、四川、福建、台湾、湖北、广东、广西、贵州、云南；古北区、东洋区。

03
窄锐胸隐翅虫
Ontholestes gracilis

鞘翅目　COLEOPTERA
隐翅虫科　Staphylinidae

特征　头部后侧部不向后延展，具颈背脊。前胸背板前侧延展呈角状，中胸腹板具长的中纵脊。

04
布氏扁胫步甲
Metacolpodes buchanani

鞘翅目　COLEOPTERA
步甲科　Carabidae

特征　体长9.5~13.5毫米。棕黄色，光亮，鞘翅有深绿色光泽。头顶稍隆起，在近眼处有细皱纹；眼大；前胸背板隆，略呈心形，前1/3处最宽，光洁无刻点；前缘和基缘近等宽。

分布　河北、吉林、西北、华东、台湾、华中、广东、四川、云南，朝鲜、日本、东南亚、南亚。

01
谷婪步甲
Harpalus calceatus

鞘翅目　COLEOPTERA
步甲科　Carabidae

特征　体长 10.5~14.5 毫米，黑色，口器棕色或棕红色，触角及足棕黄色至棕红色。头光滑；触角向后可达前胸背板基部，前胸背板近方形，前部、基部较平，侧缘稍膨，后角钝。鞘翅基部较前胸稍宽。跗节背面具毛。

习性　捕食鳞翅目幼虫及蛴螬。

分布　华北、辽宁、陕西、宁夏、新疆、四川、云南，俄罗斯、蒙古国、朝鲜半岛、日本、中亚、印度。

02
毛婪步甲
Harpalus griseus

鞘翅目　COLEOPTERA
步甲科　Carabidae

特征　体长 9~12 毫米，宽 3.5~4.5 毫米。多黑色；触角、唇基前缘、前胸背板基部与侧缘及足为棕黄色；鞘翅黄色或棕褐色；前胸背板基部及鞘翅布淡黄色毛。触角第 3 节以后具稠密细毛。前胸背板宽大于长，中部前最宽，前缘弧凹，基部近直，后角钝；每翅 9 纵沟行间密布刻点。前足胫节外 4~5 根刺。

习性　取食白蚁、玉米、谷子等种子和草莓。

分布　河北、山西、东北、西北、华东。

03
直角婪步甲
Harpalus corporosus

鞘翅目　COLEOPTERA
步甲科　Carabidae

特征　体长 11~15.5 毫米。背黑色。头光滑无刻点，唇基每侧 1 毛；触角较短，不达前胸背板基部。前胸背板前缘微凹，前角钝圆，基部较平，后角稍钝，侧缘在前端稍狭，中部之前 3 毛；盘区光滑，中线浅，基沟明显。鞘翅刻点沟深，行间平坦。足粗壮，后足腿节前后均被横列毛，前足第 1、4 跗节两侧具毛。

习性　捕食蛴螬及鳞翅目幼虫。

分布　黑龙江、吉林、辽宁、内蒙古、河北、北京、山西、河南、陕西、宁夏、甘肃、青海、西藏、四川、湖北；日本、朝鲜、俄罗斯。

04
考氏粪金龟
Geotrupes koltzei

鞘翅目　COLEOPTERA
粪金龟科　Geotrupidae

特征　体长 15.5~22 毫米，宽 9.8~12 毫米；长椭圆形，圆拱；体黑色，具铜绿色和紫铜色光泽；体腹面密被长毛。额中部具纵凹；上颚发达，镰刀状；触角鳃片部棕黄色，密被短毛，鳃片部第 2 节明显短小、不完整。鞘翅刻点沟深，沟间带 13 条。足粗壮，前足胫节外缘 7 齿。

习性　取食牛粪、马粪。

分布　河北及华北、东北、宁夏、甘肃。

01
芽斑虎甲
Cicindela gemmata

鞘翅目　COLEOPTERA
虎甲科　Cicindelidae

特征　体长18~22毫米，宽7~9毫米。头、胸铜色，鞘翅深绿色；前胸背板有毛。鞘翅具淡黄色斑点，每翅基部1芽状小斑，中部1波曲形横斑，有时此斑分裂为2小斑，翅端近侧缘1小圆斑，与后面1弧形细纹相连。

习性　捕食鳞翅目幼虫。

02
短毛斑金龟
Lasiotrichius succinctus

鞘翅目　COLEOPTERA
金龟科　Scarabaeidae

特征　体长9~12毫米，宽4.3~6毫米，雌雄相似。头部密被黑色长毛；唇基近方形，前缘中央微凹。前胸背板中部最宽，密被浅黄色和（或）黑色长刚毛，不成横纹；小盾片密被浅黄色刚毛。鞘翅具黄褐色和黑色相间横纹，黑色区域被黑毛，黄褐色区域被浅黄色毛，或整个鞘翅仅被浅黄色毛。足黑色，前足胫节外缘2齿。臀板密布浅黄色和黑色长毛。

习性　取食玉米、高粱、向日葵等植物的花。

分布　河北、北京、天津、内蒙古、东北、俄罗斯、朝鲜半岛。

03
多色异丽金龟
Anomala chaemeleon

鞘翅目　COLEOPTERA
金龟科　Scarabaeidae

特征　成虫体长11.9~13.9毫米，体近卵圆形，颜色多变；鞘翅铜绿色、黄褐色；头、前胸背板，小盾片、臀板深铜色；触角9节；前胸背板后缘侧端无明显边缘。臀板短阔三角形；前足胫端有2个外齿，前、中足大爪分叉。

习性　幼虫取食刺槐、杨、柳等多种植物的地下部分；成虫取食多种植物的叶片。

04
龟纹瓢虫
Propylea japonica

鞘翅目　COLEOPTERA
瓢虫科　Coccinellidae

特征　体长3.5~4.7毫米；斑纹多变；雌性额中部具1个黑斑，有时较大而与黑色的头顶相连，雄性无此黑斑；前胸背板白色或黄白色，中基部具1个大型黑斑，有时黑斑缩小，典型的斑纹为龟纹状，黑斑可扩大相连，至鞘翅大部黑色，仅小盾片外侧具1个或大或小的黄白色斑和浅色的外缘，或黑斑缩小，足均为黄褐色。注：1年多代，以成虫越冬。常见于农田杂草、果园树木等处。

习性　捕食多种蚜虫。成虫有较强的趋光性。

分布　全国广泛分布。

01

02

03

04

雌

01
六斑异瓢虫
Aiolocaria hexaspilota

鞘翅目　COLEOPTERA
瓢虫科　Coccinellidae

特征　体长9.7~10.2毫米，宽8.6~8.7毫米；宽卵形，圆弧形拱起；体黑色，背面光裸。触角11节，长于额宽；深褐色，端末黑褐色。前胸背板前缘深凹，前角尖锐，外缘端部倾斜，基部弧形，盘区两侧各1大黄斑，鞘翅肩角宽圆，具橙红色斑；每翅基半部内侧1近"L"形斑，外侧具1纵纹，端半部1近"C"形斑。腹部外缘黄褐色。

习性　捕食蚜虫等。

02
马铃薯瓢虫
Henosepilachna vigintioctomaculata

鞘翅目　COLEOPTERA
瓢虫科　Coccinellidae

特征　体长6.6~8.3毫米，宽5.8~6.5毫米；近卵形或心形，背面拱起；红棕色至红黄色，具黑斑，密被黄灰色毛，黑斑杂黑毛。头部中央2黑斑，有时连合。前胸背板7黑斑，中间3斑常合并，两侧2斑分别相连，有时几乎完全黑色。鞘翅28黑斑（每翅6基斑和8变斑），变化较大，两翅沿翅缝第2黑斑于翅缝处相连。

习性　取食马铃薯、茄、番茄等茄科植物。

分布　北京、陕西、甘肃、东北、河北、山西、河南、山东、浙江、福建、台湾、广西、四川、云南、西藏；日本、朝鲜、俄罗斯、越南、尼泊尔、印度。

03
七星瓢虫
Coccinella septempunctata

鞘翅目　COLEOPTERA
瓢虫科　Coccinellidae

特征　体长5.2~7毫米，宽4~5.6毫米；卵圆形，半球形拱起；背面光裸。头部黑色，唇基前缘具窄黄纹，额1对淡黄色圆斑；触角棕褐色。前胸背板前侧角各1近四边形淡黄白斑；小盾片黑色。鞘翅红色或橙黄色，具7黑斑，其中基斑位于翅缝处，基部近小盾片两侧各1近三角形小白斑。足黑色，密生细毛。

习性　捕食蚜虫。

分布　河北、北京、黑龙江、吉林、陕西、甘肃、新疆、浙江、福建。

04
十斑裸瓢虫
Calvia decemguttata

鞘翅目　COLEOPTERA
瓢虫科　Coccinellidae

特征　体长4.8~5.8毫米，宽3.8~4.5毫米；宽卵形，体背显著隆凸，浅黄色或浅棕色，具白斑。头部白色，头顶1对褐色圆斑；触角明显长于复眼间距，棕色。前胸背板两侧各1浅色大斑，中部1前小后大的浅色斑；小盾片浅色。鞘翅共10大白斑，每翅呈2—2—1排列，白斑或中空成眼斑形，或扩大相连，足浅棕色。

习性　捕食蚜虫。

01

02

03

04

01
异色瓢虫
Harmonia axyridis

鞘翅目　COLEOPTERA
瓢虫科　Coccinellidae

特征　体长5.4~8毫米，宽3.8~5.2毫米；卵圆形，半球形拱起；背面光裸，色泽及斑纹变异极大。头部由橙黄色至全部黑色。前胸背板黄白色具1"M"形斑，或黑色两侧具白斑；小盾片浅色或黑色。鞘翅从全部橙黄色至全部黑色，7/8处明显隆凸形成横脊。

习性　捕食蚜虫、木虱、粉蚧等。

分布　中国广泛分布（广东南部及香港无分布）；日本、朝鲜、俄罗斯、蒙古、越南、引入或扩散到欧洲、北美和南美。

02
大卫鬼锹甲
Prismognathus davidis

鞘翅目　COLEOPTERA
锹甲科　Lucanidae

特征　雄性体长22~36.7毫米；红棕色至黑棕色，具弱光泽。头部近矩形；眼眦侧缘较平直，近锐角；上颚粗壮，前胸背板近基部最宽，向前渐狭，侧缘端半部较平直，基部强烈内凹。雌性体形较小；上颚小，外缘弧，背齿清晰。

分布　河北、北京、陕西、甘肃、河南、湖北、四川、重庆、贵州。

03
黑角伞花天牛
Corymbia succedanea

鞘翅目　COLEOPTERA
天牛科　Cerambycidae

特征　体长12~22毫米。与赤杨伞花天牛近似，主要区别特征：前胸背板和鞘翅红色有光泽；触角末节短，不与3节等长；前胸背板中央有1不明显纵线，后缘浅波状，中部稍后突，外侧角不明显。

习性　寄主为赤杨、松树等。

分布　河北、北京、山西、黑龙江、吉林、陕西。

04
双簇污天牛
Moechotypa diphysis

鞘翅目　COLEOPTERA
天牛科　Cerambycidae

特征　体长17~23毫米；体黑色；体背具黑色披针形毛，同时具灰白色或棕红色毛，可形成方格形纹，前胸背板和鞘翅多瘤状毛突，其中鞘翅基部1/5处各有1簇黑色绒毛。最为明显；触角各鞭节基部、腹部第1—4节中线两侧、中胸后缘、足基节和转节大部、腿节基部和近端、胫节近基部和中部、跗节第1节端部和第2节红棕色。

01 a

01 b

02

03

04

01
圆胸短翅芫菁
Meloe corvinus

鞘翅目　COLEOPTERA
芫菁科　Meloidae

特征　个体较大。雄虫触角中部不膨大，鞘翅极短，呈叶片状。全体黑蓝色，稍带紫色，有光泽。头部大，复眼圆形，黑褐色。触角蓝色11节。前胸背板圆柱形。头部有稀疏的刻点，额前端有复眼1对。

02
豆长刺萤叶甲
Atrachya menetriesi

鞘翅目　COLEOPTERA
叶甲科　Chrysomelidae

别名　薄荷异色叶甲。
特征　体长5~5.6毫米，宽2.7~3.5毫米。头部、前胸和腹部橙黄色，触角和足黑褐色至黑色；鞘翅黄褐色，侧缘和翅端黑色，小盾片三角形，光滑无刻点。鞘翅刻点细密。
习性　取食豆科植物叶片。
分布　华北、吉林、黑龙江。

03
榆紫叶甲
Ambrostoma quadriimpressum

鞘翅目　COLEOPTERA
叶甲科　Chrysomelidae

特征　体长8.5~11毫米，背面金绿色，间有紫铜色，鞘翅基部凹陷之后具5条规则的紫铜色纵条纹，足紫罗兰色；前胸背板后侧缘较直，背板两侧具粗大刻点，后缘刻点密，相对较细。成虫在土中或树洞内越冬。
习性　成虫和幼虫取食榆叶。

04
滨尸葬甲
Necrodes littoralis

鞘翅目　COLEOPTERA
葬甲科　Silphidae

特征　体长17~35毫米；黑色，偶略显棕红色，触角末3节橘色，上唇光裸，仅前缘被棕黄色长毛。前胸背板近圆形，表面光滑刻点细小且均匀，中央微隆，具1不甚明显的短纵沟。鞘翅刻点较前胸背板大，均匀；鞘翅显具端突。雄性后足腿节膨大，腹侧1排小齿。
分布　河北、北京、天津、东北、西北、安徽、俄罗斯、蒙古国、朝鲜半岛。

01

02

03

04

01
多斑草蛉
Chrysopa intima

脉翅目　NEUROPTERA
草蛉科　Chrysopidae

特征　体长11毫米。头部黄色，在头顶后缘4个黑褐斑呈"X"形，具黑褐色的条状颊斑和近半圆形的唇基斑。前胸背板中间黄绿色，两侧各有2个褐斑；前盾片前端有2个黑褐斑。

分布　华北、东北、陕西、甘肃、湖北、四川、云南，俄罗斯、朝鲜、日本。

02
汉优螳蛉
Eumantispa harmandi

脉翅目　NEUROPTERA
螳蛉科　Mantispidae

特征　体长16~22毫米，前翅长25毫米。头三角形，黄色，头顶褐色至黑色。触角黑色，位于复眼之间。前胸细长。端部膨大、黄色，端部中央有1近三角形红褐色斑。中胸、后胸和腹部黄色，有红褐色至黑色的斑。翅长远超过腹部末端，透明，翅脉网状，翅痣细长，前足黄色，腿节以后红褐色。中足、后足黄色。

分布　河北、北京、浙江、福建、台湾、湖北、湖南、广东，俄罗斯、朝鲜、日本。

03
刘氏蝎蛉
Panorpa liui

长翅目　MECOPTERA
蝎蛉科　Panorpidae

特征　体色变异较大。大致可区分为黑型（包括春型或高海拔型）和黄型（包括夏型或低海拔型）。头顶、单眼三角区及喙黄色至黑褐色。胸部背板黄色至黑褐色；侧板及足乳黄色至黄褐色。翅面透明，无色或淡黄色，斑纹黑褐色，变异大；一般前翅端带阔而完整，后方有1个分离的小斑或无；痣带完整，具基支和端支；缘斑明显；基带断开呈2斑；基斑呈1小点。发生期在5—8月。

分布　辽宁、吉林、黑龙江、内蒙古。

雌　　雄

01
凹带优蚜蝇
Eupeodes nitens

双翅目　DIPTERA
蚜蝇科　Syrphidae

特征　体长10~11毫米。头顶亮黑色，额黄色，颜黄色，被黑毛；触角棕褐色至黑褐色。中胸背板蓝黑色，被黄毛；小盾片黄色，边缘被黄毛。足大部黄色。

习性　成虫访花，幼虫捕食多种蚜虫。4月可见于荠菜花上，也可见于麦田，有一定的数量。

分布　华北、东北、西北、江苏、浙江、福建、江西、广西、四川、云南，俄罗斯、蒙古国、朝鲜、日本、西亚、欧洲。

02
李拖尾锦斑蛾
Elcysma westwoodi

鳞翅目　LEPIDOPTERA
斑蛾科　Zygaenidae

特征　翅展70毫米左右；体黄白色半透明，头、胸部黑色；前后翅均淡黄，半透明，翅脉淡黄，外侧黑有光泽。后翅带有较长的尾突。

分布　东北、西南等地。

03
白蜡绢须野螟
Palpita nigropunctalis

鳞翅目　LEPIDOPTERA
草螟科　Crambidae

特征　翅展28~36毫米。体翅白色。前翅前缘棕黄色，中室基斑、中室圆斑黑色点状，中室上角、下角各有1黑点，翅中部下方有1不甚清晰的黑环斑。后肢后翅中室端1黑色斜纹，中室下方有1黑点。前后翅亚外缘线暗，褐色，与外缘平行。各脉端有黑点。缘毛白色。

习性　寄主为木樨科、梧桐科植物。

分布　河北、北京、东北、陕西、江苏、浙江、福建、台湾、河南、湖北、广东、四川、贵州、云南、日本、东南亚、南亚。

04
棉塘水螟
Elophila interruptalis

鳞翅目　LEPIDOPTERA
草螟科　Crambinae

特征　翅展25.5~32.5毫米，翅面淡橘色；前翅基线褐色，外侧1白带；翅中部有4个大小不等、外围褐色鳞片的白斑，内侧白斑小，近方形，中部前缘处白斑近三角形，近后缘白斑为近圆形，外侧白斑较大，不规则形；缘毛基留毛基部1/3黑褐色，端部2/3褐色。后翅内横区窄，边缘有褐鳞，中横线直，中室白区和中室下白区相连形成1大白区。

习性　寄主为水鳖、睡莲、秋角菱等。

分布　河北、天津、黑龙江、吉林、华东。

01

02

03

04

01
豆荚野螟
Maruca vitrata

鳞翅目　LEPIDOPTERA
草螟科　Crambinae

特征　翅展 23~28.5 毫米。前翅棕褐色，前缘棕黄色，中室内具1不规则透明斑，中室后缘中部下方有1小透明斑，中室外有1从翅前缘延伸至近后缘的长透明斑。后翅白色，半透明，外缘区为棕褐色阔带。
习性　寄主为豆科、禾本科植物。
分布　华北、陕西、华东、台湾、河南、湖北、云南、朝鲜、日本、东南亚。

02
橙斑庶尺蛾
Macaria liturata

鳞翅目　LEPIDOPTERA
尺蛾科　Geometridae

特征　前翅长 14~16 毫米。触角间、胸背前缘橙黄色带焦黄色调，其余部分灰褐色。翅面灰褐色散布黑褐小点，线条深褐色，在前缘处加粗成深褐色斑；内线弧形波曲，有时不清晰。
分布　河北、东北、俄罗斯。

03
赤线尺蛾
Culpinia diffusa

鳞翅目　LEPIDOPTERA
尺蛾科　Geometridae

特征　前翅长 10~15 毫米。翅面灰绿色。前翅前缘淡黄色，内线、外线白色，波状，细弱。
习性　寄主为木兰科、菊科、豆科、桑科植物。
分布　河北、辽宁、山东、江苏、浙江、重庆、俄罗斯、朝鲜、日本。

01 a

01 b

02

03

01
单小姬尺蛾
Scopula ignobilis

鳞翅目　LEPIDOPTERA
尺蛾科　Geometridae

特征　翅展25~28毫米。头顶白色，触角灰白色，基部白色；胸部和前翅白色；前翅前缘淡棕灰色，内、中、外横线淡棕灰色，在中脉处明显外凸；亚缘线双线，淡棕灰色，双线间白色；后翅无内线，其他同前翅。

分布　河北、山东、台湾，俄罗斯、朝鲜半岛、日本。

02
普滨尺蛾
Exangerona prattiaria

鳞翅目　LEPIDOPTERA
尺蛾科　Geometridae

特征　前翅长20~24毫米。体翅淡黄色至黄色，散布大量灰褐色碎点，不同个体差异较大。前翅、后翅线纹清晰，深灰褐色；前翅线纹在中室内弯曲；外线外侧至外缘除顶角外深褐色至焦褐色，但有时不同程度消失；亚缘线在翅中部留有1块清晰白斑，后翅外线以外常不同程度带深褐色。

习性　幼虫取食栎、槭、漆树等。

分布　河北、北京、山西、陕西、甘肃、湖北、四川、云南，朝鲜。

03
曲紫线尺蛾
Calothysanis comptaria

鳞翅目　LEPIDOPTERA
尺蛾科　Geometridae

特征　前翅长12毫米左右。体翅污黄色，散布灰色细纹。后翅外缘中部有角突。前翅紫褐条自顶角斜伸至后缘中部，其下方另有1条灰色细线自顶角与其并行1/3后转为与外缘平行、波曲达后缘。后翅线纹均与前翅类似，灰色细线中部外凸。前后翅缘线紫褐色，缘毛色较翅面色略浅。

习性　幼虫取食酸模、蓼蓄等。

分布　河北、北京、黑龙江、山东，俄罗斯。

04
云南松洄纹尺蛾
Chartographa fabiolaria

鳞翅目　LEPIDOPTERA
尺蛾科　Geometridae

特征　前翅长21~27毫米。翅面灰白，基部黄褐色，外缘锯齿状，外侧有1条灰白线，线外后缘有1逐渐加深加宽的浅灰色斑；中域前缘至中部有1楔形褐斑，下缘沿翅脉平截，斑上有1条"U"形线；亚缘线白色波状，外侧在顶角下与从顶角发出的1条白色波状线会合；顶角深灰色，下方有1半圆形褐色斑；臀角上方灰褐色。后翅白色。

习性　幼虫取食松科植物。

01
直脉青尺蛾
Geometra valida

鳞翅目　LEPIDOPTERA
尺蛾科　Geometridae

特征　前翅长 27~32 毫米。前翅、后翅外缘锯齿形，前翅中部略凸出 1 齿，后翅中部凸齿大。翅面青绿色。前翅前缘浅灰绿色；线纹白色；内线外侧、外线内侧有暗绿色阴影；内线较直；中点深绿色；外线较细，倾斜，在前缘处内弯，向下逐渐加粗；亚缘线波曲，细弱。后翅外线直，较前翅粗，亚缘线波曲细弱。前翅、后翅缘毛白色。

习性　幼虫取食栎、檫树等。

02
菜粉蝶
Pieris rapae

鳞翅目　LEPIDOPTERA
粉蝶科　Pieridae

特征　中型粉蝶。雄蝶前翅背面粉白色，近基部散布黑色鳞片，顶角区有 1 三角形大黑斑。后翅白色，略呈卵圆形；前翅腹面大部白色，顶角区密布淡黄色鳞片。后翅腹面淡黄色，散布细小黑点。雌蛾体形略大，翅背面灰白泛黄，翅腹面黄色更浓。

习性　幼虫取食十字花科、白花菜科、金莲花科植物等。

分布　全国广布，世界广布。

03
淡色钩粉蝶
Gonepteryx aspasia

鳞翅目　LEPIDOPTERA
粉蝶科　Pieridae

特征　中型粉蝶。雄蝶前翅背面淡黄色，前缘和外缘有红褐色脉端纹，后翅为淡绿色，前后翅的中室端橙红色，端斑较小。后翅中室前缘脉无明显膨大，外缘无锯齿。

习性　幼虫取食鼠李等。

分布　华北、东北、陕西、甘肃、青海、福建、四川、云南、西藏，俄罗斯、日本。

04
东北粉蝶
Pieris orientis

鳞翅目　LEPIDOPTERA
粉蝶科　Pieridae

特征　中型粉蝶。雄蝶翅背面白色。前翅前缘黑色；顶角的黑斑多被白纹分割形成斑列；亚后翅前缘外有 1 个黑色小斑。前翅腹面白色，亚端的第 2 个黑斑更明显。成虫多见于 4—8 月。

分布　辽宁、黑龙江、吉林，俄罗斯、朝鲜半岛。

01

02

03

04

01
东方菜粉蝶
Pieris canidia

鳞翅目　LEPIDOPTERA
粉蝶科　Pieridae

特征　中型粉蝶。雄蝶翅背面白色，前翅前缘脉黑色，顶角有三角形黑斑，与外缘黑斑相连延伸至近臀角处，黑斑内缘呈锯齿状，亚缘有两个黑斑，后翅前缘中部有1黑斑，后翅外缘脉端有三角形黑斑，翅腹面白色或乳白色。雌蛾斑纹较明显，翅腹面基部黑鳞浓密发达。

习性　幼虫取食萝卜、白菜、芥菜等。

分布　全国广布，朝鲜半岛、日本、东南亚。

02
东亚豆粉蝶
Colias poliographus

鳞翅目　LEPIDOPTERA
粉蝶科　Pieridae

特征　中型粉蝶。雄蝶翅背面黄绿色，雌蝶近白色。前翅中室端1黑圆斑，顶角区和外缘有内嵌黄白斑列的黑宽带，黑带近后缘变窄。后翅背面有较浓黑鳞片，外缘黑色窄带不达臀角，中室端斑橙黄色。

习性　幼虫取食豆科植物。

分布　河北、北京、陕西、浙江、台湾、四川、云南、俄罗斯、日本。

03
黑纹粉蝶
Pieris melete

鳞翅目　LEPIDOPTERA
粉蝶科　Pieridae

特征　中型粉蝶。雄蝶翅白色，脉纹黑色。前翅前缘及顶角黑色，外缘脉端有黑斑点，亚外缘中后部及后翅前缘外部有1黑牛角斑；前翅腹面顶角淡黄色，亚外缘后部黑斑更明显。后翅腹面有黄色鳞粉，脉纹两侧加黑，翅基角有1橙斑条。雌蝶翅黑褐斑纹发达，基部黑褐色，翅脉端黑褐条纹明显加粗。季型明显，春型小而色暗。

习性　幼虫取食十字花科植物。

分布　河北、陕西、甘肃、华东、华中、西南、俄罗斯、朝鲜半岛、日本。

04
莫氏小粉蝶
Leptidea morsei

鳞翅目　LEPIDOPTERA
粉蝶科　Pieridae

特征　小型粉蝶，与突角小粉蝶相似，但前翅较圆阔。顶角外突钝化。顶角黑斑不达顶角边缘。雄蛾和夏型个体斑纹明显，春型个体和雌蛾斑纹不明显。

习性　幼虫取食野豌豆属植物。

分布　华北、东北、陕西、河南、俄罗斯。

01
欧洲粉蝶
Pieris brassicae

鳞翅目　LEPIDOPTERA
粉蝶科　Pieridae

特征　中大型粉蝶。雄蝶翅背面乳白色，基部有黄色和黑色鳞片。前翅前缘黑色，顶端部的黑斑沿外缘后延过半，亚外缘有2枚黑斑，通常1枚消失，后翅前缘有1黑斑，前翅腹面2黑斑明显，后翅黄绿色，密布细小黑点。雌蝶翅淡黄白色，基部黑色细鳞片更浓密，前翅亚外缘2黑斑大而明显，后缘有1黑纵纹。

习性　幼虫取食十字花科植物。

分布　河北、吉林、甘肃、新疆、四川。

02
柑橘凤蝶
Papilio xuthus

鳞翅目　LEPIDOPTERA
凤蝶科　Papilionidae

特征　中型凤蝶。体色黄白，胸、腹背有黑带，腹部两侧有黑线纹，前翅背面黑色，斑纹黄色，中室斑纹扇骨型，室端2黄斑构成一大眼型。外中区有外侧排列整齐的黄纵斑，构成1横斑带。外缘有1新月形黄斑列。后翅腹面黑色宽带嵌蓝色飞鸟斑纹，臀角有1环形橙黄色斑。春型色淡，雌蝶色淡，偏黄白色。

习性　幼虫取食芸香科花椒属、柑橘属、吴茱萸属等植物。

分布　除青藏高原外全国广布，朝鲜半岛、日本、东南亚。

03
金凤蝶
Papilio machaon

鳞翅目　LEPIDOPTERA
凤蝶科　Papilionidae

特征　中型凤蝶。体黄色，胸、腹背面有黑带，腹部两侧有1黑线纹。翅背面黑色，有大面积的金黄斑。前翅1/3基部黑色并散布黄鳞片，中室端部有2黄斑块，外中区有1黄纵斑斜带。外缘有8个小黄斑排成一列。后翅基半部被脉纹分隔的黄斑占据，亚外缘区黑宽带镶嵌一列圆形孔雀蓝斑，臀角具红色圆斑。外缘波状，内侧1列黄半月斑，尾突尖削；翅腹面黄色，后翅亚外缘有1镶嵌孔雀蓝斑的黑宽带，臀角有椭圆形红斑。雌蝶翅型较雄性稍阔。

习性　幼虫取食伞形科胡萝卜、茴香、柴胡等。

分布　全国广布，亚洲、欧洲。

01
绿带翠凤蝶
Papilio maackii

鳞翅目　LEPIDOPTERA
凤蝶科　Papilionidae

特征　中大型凤蝶。雄蝶体、翅底色黑色，密布孔雀绿鳞片，前翅近臀角有数条黑绒状性标。前后翅外中区有1贯通的翠绿色斜带。后翅基半部密布孔雀绿鳞片，亚外缘翅脉间有镶红边的孔雀蓝飞鸟纹，臀角有1环形红斑。后翅外缘波状，尾突有蓝带。翅腹面前、后翅基半部散布灰色鳞片，后翅在外中区有灰白色斜带纹，亚外缘有1列红色弯月形斑；雌蝶色淡，翠绿色鳞片稀疏。

习性　幼虫取食芸香科刺花椒、花椒、吴茱萸等。

分布　全国广布，俄罗斯、朝鲜半岛、日本。

02
丝带凤蝶
Sericinus montela

鳞翅目　LEPIDOPTERA
凤蝶科　Papilionidae

别名　软凤蝶、马兜铃凤蝶、白凤蝶、软尾蝶、软尾亚凤蝶。

特征　成虫体长16~24毫米，翅展54~68毫米，体黑色；触角较短；复眼后及胸侧具红毛；腹部腹面具1条红色或黄白色线。分春、夏二型，夏型体明显大，雄虫翅底淡黄色，前翅中室中部、端部和顶角均具黑色斑纹；后翅亚端线部具不规则弧形黑色斑纹；雌虫翅密被淡褐色斜形带纹，前翅中室具"—"形黄白色纹。春型体较小，雄虫前后翅亚端线部位具4~5个小红斑，雌虫翅面斜形带纹黑褐色。

习性　取食马兜铃、葛藤等植物。

03
蓝灰蝶
Everes argiades

鳞翅目　LEPIDOPTERA
灰蝶科　Lycaenidae

特征　小型灰蝶。雄蝶翅背蓝紫色，外缘有宽黑边。雌蝶黑褐色，臀角有2橙黄眼斑，翅基部具蓝色金属光泽；翅腹面灰白色至蓝灰色，前翅腹面有1细横脉纹，翅基无斑点，后翅基部2黑点。前翅、后翅亚外缘有1列（外缘有2列）黑斑，臀角具橙黄色眼斑和一对尾突。

习性　幼虫取食豆科铁扫帚、大麻科葎草等。

分布　全国广布，亚洲、欧洲。

01
亮灰蝶
Lampides boeticus

鳞翅目　LEPIDOPTERA
灰蝶科　Lycaenidae

特征　反面密布平行的横向棕黄色波状线纹，极易识别。
习性　为最广布的灰蝶，常在寄主豆科植物附近飞舞，城市里也常见到。
分布　全国各地。

02
暗红眼蝶
Erebia neriene

鳞翅目　LEPIDOPTERA
眼蝶科　Satyridae

特征　中小型眼蝶。翅背面棕褐色或黑褐色，前后翅亚缘有橙红色带状斑，带内各有3个白瞳黑眼斑，有的个体后翅4个眼斑。翅腹面黑褐色，后翅亚外缘有1浅横带。翅基半部散布灰白鳞片。
习性　成虫多见于7—8月。

03
白眼蝶
Melanargia halimede

鳞翅目　LEPIDOPTERA
眼蝶科　Satyridae

特征　中型眼蝶体黑色，翅白色，前翅背面近顶角及中部有2条黑褐色不规则斜带，带间近臀角2白斑。前翅腹面近顶角有2个黑褐色小眼斑，后翅腹面亚外缘有6~7个白瞳点的棕褐色眼斑。
习性　成虫多见于7—8月。
分布　华北、东北、西北、华东、华中、俄罗斯、蒙古国、朝鲜半岛。

04
山地白眼蝶
Melanargia montana

鳞翅目　LEPIDOPTERA
眼蝶科　Satyridae

特征　中型眼蝶。白眼蝶属中大型种类，翅背面除缘线及亚缘线外，只有前后缘及中室端有褐色斑，后翅腹面眼斑区无褐色斑。

01
蛇眼蝶
Minois dryas

鳞翅目　LEPIDOPTERA
眼蝶科　Satyridae

特征　中大型眼蝶。雄蝶翅背面深棕色，前翅亚外缘有2枚内嵌蓝瞳点的大型黑眼斑，后翅外缘波浪状，亚外缘有1蓝瞳小黑眼斑；翅腹面棕褐色，后翅中室内至前缘有白色横线，外中区有1白宽带。雌蝶体翅暗褐色，斑纹同雄蝶。

习性　成虫多见于7—8月。

分布　华北、东北、西北、华东、华中。

02
宁眼蝶
Ninguta schrenkii

鳞翅目　LEPIDOPTERA
眼蝶科　Satyridae

特征　大型眼蝶。翅形圆，翅背面黑褐色、前翅顶端部有1~2个小黑点，后翅有5个黑斑。中间1个最小，翅腹面紫褐色，前翅具眼状斑，中横线波曲，中室端脉黑色，中室内有1条细纹，中横线和内横线构成"凸"字形；前后翅亚外缘各有2条棕色横线。成虫多见于7—9月。

03
白钩蛱蝶
Polygonia c-album

鳞翅目　LEPIDOPTERA
蛱蝶科　Nymphalidae

特征　中型蛱蝶。翅背面橙褐色或黄褐色，前翅中室内有2个黑点斑，室端1黑色宽条斑，中室后有3~4个黑斑。后翅基半部有黑斑。前翅、后翅亚外缘有内嵌黄白斑的黑褐横带，外缘有齿突。翅腹面枯叶色，随季节而变化，后翅中室端有白色钩状斑。

习性　幼虫取食榆树等。

分布　中国北方广布，蒙古国、朝鲜半岛、日本。

04
白矩朱蛱蝶
Nymphalis vaualbum

鳞翅目　LEPIDOPTERA
蛱蝶科　Nymphalidae

特征　体长19~25毫米，体为黑色，背部密被棕褐色短绒毛；呈红黄褐色，基部颜色较深，外缘锯齿状，有不规则的黄斑和黑斑。后翅正面前缘中部黑斑外侧有一白斑，亚外缘黑带窄；后翅反面中室具明显的"L"形白斑。

01  02
03  04

01
紫闪蛱蝶
Apatura iris

鳞翅目　LEPIDOPTERA
蛱蝶科　Nymphalidae

特征　中大型蛱蝶。与柳紫闪蛱蝶很相似，区别点是：体形较前种大，后翅臀角较尖突；雄蝶翅背闪浓烈的蓝光；前翅亚外缘有1镶橙环蓝瞳的黑色大眼斑，后翅臀角有1橙环蓝瞳小黑眼斑，翅腹面斑纹更清晰，成虫多见于6—7月。

习性　幼虫取食黄花柳等。

02
北冷珍蛱蝶
Clossiana selene

鳞翅目　LEPIDOPTERA
蛱蝶科　Nymphalidae

特征　小型蛱蝶、背面翅面黄褐色，前翅中室及中室外侧有黑斑，后翅基半部有黑斑，前后翅亚外缘斑排列整齐、圆形，外缘有近月牙形斑。多见于6月，喜访花，栖息在林间草丛。

分布　内蒙古、黑龙江、新疆等地，蒙古国、俄罗斯及朝鲜半岛等地。

03
布网蜘蛱蝶
Araschnia burejana

鳞翅目　LEPIDOPTERA
蛱蝶科　Nymphalidae

特征　小型蛱蝶，和蜘蛱蝶非常近似，但体形明显更大。湿季型个体橙斑更不发达，黑色面积明显更大。干季型雄蝶前翅白带向内倾斜不明显。成虫多见于6—7月。

分布　黑龙江、吉林、辽宁、俄罗斯、日本及朝鲜半岛。

04
大红蛱蝶
Vanessa indica

鳞翅目　LEPIDOPTERA
蛱蝶科　Nymphalidae

特征　中型蛱蝶。前翅基部沿后缘斜至臀角有黑褐色纵带，翅中部有橘红色宽斜带，内嵌3个棕黑色斑。外侧至顶角棕黑色，顶角平截外突，饰有小白斑，内侧斜列4个白方斑；后翅大部褐黑色，外缘有镶嵌2列棕黑斑的橘红带，臀角染蓝色。前翅腹面顶角茶褐色，中室端部显蓝色斑纹。后翅有黑褐色至茶褐色云状斑纹，外缘有5枚模糊眼斑。

习性　幼虫取食荨麻科、榆科等植物。

分布　全国广布，东亚、欧洲。

01

02

03

04

01
黄钩蛱蝶
Polygonia c-aureum

鳞翅目　LEPIDOPTERA
蛱蝶科　Nymphalidae

特征　中型蛱蝶，与白钩蛱蝶相似，主要区别：本种前翅中室基部多1个黑斑，中室内有3个黑点斑；前翅、后翅亚外缘有内嵌蓝点的黑斑；翅外缘齿突较前种多、细小而尖锐。

习性　幼虫取食葎草等植物。

分布　河北、东北、华东、华中、华南，俄罗斯。

02
孔雀蛱蝶
Inachis io

鳞翅目　LEPIDOPTERA
蛱蝶科　Nymphalidae

特征　中型蛱蝶。前翅背面朱红色，前缘呈1条孔雀尾彩翎纹，顶角眼斑中心红黑色，外侧镶黑色半环。后翅色暗，无顶角，外缘1齿突，前缘有1镶灰白环纹的蓝黑大眼斑，后缘有金棕色长鳞毛宽纵带。前翅、后翅腹面烟熏色，密布黑褐波状横纹，中室有1小白点。

习性　幼虫取食荨麻科、大麻科及桑科植物。

分布　河北、北京、黑龙江、辽宁、甘肃。

03
链环蛱蝶
Neptis pryeri

鳞翅目　LEPIDOPTERA
蛱蝶科　Nymphalidae

特征　翅面黑色，斑纹白色。前翅中室有一不连贯的白色纵纹；中室端部下方有4个排成弧形的白斑；近顶角处有4枚白斑。后翅有2条近平行的白色横带。

04
柳紫闪蛱蝶
Apatura ilia

鳞翅目　LEPIDOPTERA
蛱蝶科　Nymphalidae

特征　中型蛱蝶。翅色变异大，翅背底色有黑色、褐色和黄色。前翅中室可见4个透视黑点斑，前翅、后翅中区有1贯通的白斑带，前翅中室后3白斑内移，顶角有3大1小白斑。前翅亚外缘和后翅臀角区各有2眼斑，翅腹面斑纹更清晰。雄蝶前后翅背面有浓烈的蓝色紫色闪光，雌蝶体形较大。

习性　成虫多见于5—9月，幼虫取食杨柳科植物。

01
绿豹蛱蝶
Argynnis paphia

鳞翅目　LEPIDOPTERA
蛱蝶科　Nymphalidae

特征　中型蛱蝶。雌雄异型，雄蝶翅背面橙黄色，翅脉黑色，具不规则黑豹斑和线状斑纹，中室后有4条黑色性标是本种特征。雌蝶翅背面黄绿色，翅脉青蓝色，无性标，斑纹同；后翅腹面灰绿色，雄蝶稍泛黄色，具金属光泽，有4条较宽暗斑带。

习性　成虫多见于6—8月。

分布　全国广布，朝鲜半岛、日本、欧洲、非洲。

02
青豹蛱蝶
Damora sagana

鳞翅目　LEPIDOPTERA
蛱蝶科　Nymphalidae

特征　大型蛱蝶，雌雄异型。雄蝶翅背面橙黄色，具黑色斑点，前翅具1条黑色性标，前翅中室外具有1个近三角形的橙色无斑区，雌蝶翅背面青黑色，中室内外各有1个大白斑，后翅外缘有1列白斑，中部有1条白色宽带。雄蝶腹面淡黄色，后翅具有圆形暗褐色斑，中央2条细线纹逐渐合并。雌蝶前翅腹面顶角绿褐色，斑纹与背面相似，后翅外缘具有1列白斑，中部具有1条内弯的白色宽横带。

03
曲纹银豹蛱蝶
Childrena zenobia

鳞翅目　LEPIDOPTERA
蛱蝶科　Nymphalidae

特征　大型蛱蝶。雌雄异色。雄蝶翅背面橙黄色，亚外缘有2列黑圆斑，外缘有1菱形斑列，中室后有3条黑褐色性标，后翅外缘波状；前翅腹面顶角浅黄褐色，有2个弧形白短斑、后翅腹面灰绿色，具银白色纵横交错的网状纹，白线强烈弯曲，亚外缘有5个银白圆环组成的斑列。雌蝶翅面灰黄绿色，斑纹与雄蝶同，无性标。

习性　成虫多见于5—8月。

04
史氏绢斑蝶
Parantica swinhoei

鳞翅目　LEPIDOPTERA
蛱蝶科　Nymphalidae

特征　中型斑蝶。外形和黑绢斑蝶十分相似，主要区别为：本种通常体形较大；本种雄蝶前翅顶角向外突出较明显；本种后翅M_3和$Cu1$室基部淡蓝斑纹外侧的2个小斑减退，而黑绢斑蝶则明显；本种雄蝶后翅的性标明显较大，呈长卵形。1年多代，成虫在南方春秋两季较常见，亦曾出现在聚集越冬的斑蝶群中。

习性　幼虫以夹竹桃科蓝叶藤等植物为寄主。

01
西冷珍蛱蝶
Clossiana selenis

鳞翅目　LEPIDOPTERA
蛱蝶科　Nymphalidae

特征　小型蛱蝶。形态和东北珍蛱蝶、北冷珍蛱蝶近似，主要区别为：本种胸、腹、背和前后翅基部密生棕褐色长绒毛；中室内部为空心卵斑，呈扁条斑；后翅腹面外缘无银白斑或者白斑不发达。

02
小红蛱蝶
Vanessa cardui

鳞翅目　LEPIDOPTERA
蛱蝶科　Nymphalidae

特征　中型蛱蝶。前翅、后翅背面橘红色或橘黄色。本种与大红蛱蝶近似，主要区别是：本种体形稍小；顶角圆滑，外突不平截；后翅橙黄色或橙红色，中部有锚钩状中带，亚外缘1黑圆斑列，外缘双菱形斑列。

习性　幼虫取食荨麻科、锦葵科、菊科等植物。

03
小环蛱蝶
Neptis sappho

鳞翅目　LEPIDOPTERA
蛱蝶科　Nymphalidae

特征　小型蛱蝶。触角末端明显黄色，翅背面黑褐色，斑纹白色。前翅中室内具1有断痕的条形纹，中室端外有1与条形纹分离的短三角眉形纹。外中区有1弧形排列的白斑，亚外缘有1不发达的小白斑列。后翅中区有1等宽的白横带，亚外缘有1被深色翅脉分隔的较细白横带。翅腹面深棕褐色，斑纹与背面同。

04
荨麻蛱蝶
Aglais urticae

鳞翅目　LEPIDOPTERA
蛱蝶科　Nymphalidae

特征　中型蛱蝶。前翅背面橘红色，顶角内1白斑，前缘有淡黄相间的3个黑斑，中部有2个较小黑斑，后缘有1外衬黄斑的较大黑斑。后翅基半部棕黑色，具棕褐色长鳞毛；前翅、后翅外缘黑带中有蓝新月状斑列；后翅腹面基半部漆黑色，亚外缘棕褐色，密布细小条纹。

习性　幼虫取食荨麻科植物。

01
伊诺小豹蛱蝶
Brenthis ino

鳞翅目　LEPIDOPTERA
蛱蝶科　Nymphalidae

特征　小型蛱蝶。与小豹蛱蝶的主要区别是：本种体形较小，色深。翅稍狭长，橙黄褐色，翅基、后缘及翅脉染紫色；前翅中室外1列细线连接的黑斑明显发达，外部3列黑斑相对较小，外缘菱形斑列窄且连接；后翅基半部青灰色，亚外缘5个内嵌白点的黑褐圆斑大而明显。

02
丝网蜘蛱蝶
Araschnia levana

鳞翅目　LEPIDOPTERA
蛱蝶科　Nymphalidae

特征　小型蛱蝶。季型明显，春型翅背面橙色斑发达，翅基部黑色，中外部具2列不规则较大黑斑。前翅亚外缘有1列白色圆斑点，内侧前缘有2并列白条斑。前后翅外缘黑斑列内嵌蓝色间断线纹。翅腹面深棕红色，密布蜘蛛网纹，中部有明显的淡色宽带；夏型翅背面棕褐色，前翅亚外缘有1列白斑点，前翅、后翅中部贯穿1条白斑带。

习性　成虫多见于5—7月。

03
黑弄蝶
Daimio tethys

鳞翅目　LEPIDOPTERA
弄蝶科　Hesperiidae

特征　中型弄蝶。翅背面棕黑色或褐黑色，前翅亚顶角区有3个条斑和2个白点，前翅中部有1白斑带，后翅有较宽白色中横带，中带外缘镶5个棕黑圆斑。前翅缘毛黑白相间，后翅除顶角黑色外大部分白色。

习性　成虫多见于3—11月，幼虫取食薯蓣科植物。

分布　全国广布，俄罗斯、朝鲜半岛、日本、缅甸。

04
链弄蝶
Heteropterus morpheus

鳞翅目　LEPIDOPTERA
弄蝶科　Hesperiidae

特征　中型弄蝶。翅背面棕黑色或褐黑色，前翅亚顶角区有3个条斑和2个白点，前翅中部有1白斑带，后翅有较宽白色中横带，中带外缘镶5个棕黑圆斑。前翅缘毛黑白相间，后翅除顶角黑色外大部分白色。

习性　成虫多见于3—11月，幼虫取食薯蓣科植物。

分布　全国广布，俄罗斯、朝鲜半岛、日本、缅甸。

05
直纹稻弄蝶
Parnara guttata

鳞翅目　LEPIDOPTERA
弄蝶科　Hesperiidae

特征　中型弄蝶。翅背面褐色，翅腹面黄褐色，翅面的斑点呈白色半透明状，前翅具6~8个斑点，呈弧状排列，后翅中部具4个排列成直线的斑点。全翅背面和腹面的斑纹基本一致。

习性　成虫多见于3—11月，幼虫取食禾本科植物。

01
白背冠翅蛾
Ypsolopha leuconotella

鳞翅目　LEPIDOPTERA
冠翅蛾科　Ypsolophidae

特征　翅展17~20毫米。头、胸部白色，胸部具3条浅黄色纵带。前翅中部沿翅褶黑褐色，后端白色混有灰色和赭色鳞片形成浅色宽带；翅端部1灰色杂黑色鳞片，末端灰白色杂赭黄色鳞片；缘毛深灰色，基部有1条白线，臀角处黄白色。后翅及缘毛灰色，基部有1条黑灰色线。

分布　华北、黑龙江、吉林、陕西、宁夏、新疆、河南、俄罗斯、日本、欧洲。

02
尖突窄纹卷蛾
Cochylimorpha cuspidata

鳞翅目　LEPIDOPTERA
卷蛾科　Tortricidae

特征　翅展13~14.5毫米。头白色，下唇须下垂，外侧黄褐色，内侧白色。胸及翅基片白色。前翅黄白色；翅基中央具1黄褐色纵斑；中带黄褐色，中部略外凸；后缘2/3处有1浅黄色斑；顶端和外缘具数个小黄褐斑；缘毛深褐色，后翅及缘毛浅灰色。

分布　北京、陕西、甘肃、宁夏、新疆、天津、内蒙古、黑龙江、辽宁、河北、山西、河南、安徽、湖北；朝鲜。

03
麻小食心虫
Grapholita delineana

鳞翅目　LEPIDOPTERA
卷蛾科　Tortricidae

别名　四纹小卷叶蛾、大麻食心虫。

特征　翅展8~14毫米。前翅基部1/3灰褐色，端部2/3棕褐色；前缘有9对黄白色钩状纹，每对由2个短斑组成，暗纹铅色，第5、6对暗纹愈合达臀斑外缘线上端，端部3对愈合达外缘；肛上纹内缘线、外缘线铅色，具金属光泽，背斑由4条黄白色或灰白色平行弧形纹组成，斜伸至中室；具亚端切口。后翅黄棕色。

分布　北京、陕西、甘肃、河北、天津、河南、山东、浙江、安徽、江西、福建、台湾、湖北、四川；日本、朝鲜、俄罗斯至欧洲，毛里求斯，引入北美。

04
中华绢蛾
Scythris sinensis

鳞翅目　LEPIDOPTERA
绢蛾科　Scythrididae

特征　翅展11~17毫米，前翅黑褐色或黑色，有光泽，近翅基及翅端各具1黄色斑，或前翅无斑纹，呈黑色，缘毛灰褐色或褐色，后翅和缘毛褐色。

习性　幼虫取食藜、草地滨藜等，把叶片咬成许多孔洞，吐丝；成虫白天活动，吸食花蜜。

分布　北京、陕西、甘肃、新疆、辽宁、天津、河北、河南、浙江；朝鲜、俄罗斯远东至欧洲。

01

02

03

04

01
竹纹枯叶蛾
Euthrix laeta

鳞翅目　LEPIDOPTERA
枯叶蛾科　Lasiocampidae

特征　翅展41~74毫米。体翅赤褐色至橘黄色。前翅内线为烟黑色波曲细线，中室端有1花朵状大白斑，其前方有1白色小圆斑。中室后至后缘有1鲜黄色大斑。由翅顶角至中室后有1清晰烟黑色外线，近后缘模糊波曲状。外线至外缘赤褐色，密布灰白鳞片。亚外缘线为1烟黑色"L"形线段斑列。翅外缘圆弧形；后翅大部黄褐色，前缘赤褐色，栖息状态凸露。

02
红云翅斑螟
Oncocera semirubella

鳞翅目　LEPIDOPTERA
螟蛾科　Pyralidae

特征　翅展18~28.5毫米。前翅前缘白色，后缘黄色，中部桃红色，有的中部为黄色和棕褐色纵带所替代，内、外横线均消失，缘毛红色。后翅茶褐色，缘毛黄白色，缘线褐色。
习性　幼虫取食多种苜蓿。
分布　华北、黑龙江、吉林、陕西、宁夏。

03
黄边美苔蛾
Miltochrista pallida

鳞翅目　LEPIDOPTERA
灯蛾科　Arctiidae

特征　翅展18~26毫米。触角黄色。前翅白色至黄白色，前缘及外缘区具黄色宽带，前缘基部具黑边，一黑色亚基点，横脉纹一黑点，亚缘线一列黑点，有时不明显。后翅淡黄色。
分布　河北、黑龙江、辽宁、陕西、华东、台湾、华中。

04
榆黄足毒蛾
Ivela ochropoda

鳞翅目　LEPIDOPTERA
毒蛾科　Lymantriidae

特征　翅展25~40毫米。触角干白色，栉齿黑色。体白色。足白色，前足腿节端半部、胫节和跗节鲜黄色，中足和后足胫节端半部和跗节鲜黄色。前翅、后翅白色。
习性　寄主为榆属。
分布　北京、陕西、内蒙古、东北、河北、山西、河南、山东；日本、朝鲜、俄罗斯。

01
透目大蚕蛾
Rhodinia fugax

鳞翅目　LEPIDOPTERA
天蚕蛾科　Saturniidae

特征　翅长48毫米左右，体长40毫米左右。头污黄色，触角黄褐色，颈板及前胸前缘黄褐色，身体橙黄色，胸部两侧被黄褐色长毛，腹部各节间色稍浅；前翅内线褐色弯曲状，外线粗棕褐色呈波浪形纹，外线外侧有黄褐色带，中室端有较大的圆形透明斑，斑的外围有褐色镶边；翅脉褐色可见。

02
后黄黑边天蛾
Haemorrhagia radians

鳞翅目　LEPIDOPTERA
天蛾科　Sphingidae

特征　翅长22毫米左右。体黄绿色，触角黑色。腹背除第4节外各节密被金黄毛，尾部黑色刷毛，中央有黄毛簇。翅透明，边缘及各脉纹棕黑褐色，翅框内侧有锯齿纹；后翅前缘及后缘基部黄色，外缘棕黑褐色。前翅、后翅反面杏黄色，透明部分有蓝紫色闪光。

分布　河北、黑龙江、江西、长江流域各省。

03
雀斜纹天蛾
Theretra japonica

鳞翅目　LEPIDOPTERA
天蛾科　Sphingidae

特征　翅长34~37毫米。头、胸及肩片绿褐色，两侧有灰白鳞毛，胸背中央有较粗白背线，两侧肩片上有橙黄纵条。腹部背线棕褐色，背线两侧有数条暗褐色条纹，腹部两侧橙黄色。前翅黄褐色，前缘基部泛粉紫色，中室端有1明显黑点，后缘中部色淡，从顶角至后缘有6条暗褐色斜条纹，前面1条最明显，中间2条色淡；后翅黑褐色，臀角附近有灰黄褐色三角斑。

习性　寄主为葡萄、常春藤、爬山虎、虎耳草、绣球花等。

分布　全国广布，俄罗斯、朝鲜半岛、日本。

04
庐山鹿铗夜蛾
Antoculeora locuples

鳞翅目　LEPIDOPTERA
夜蛾科　Noctuidae

特征　前翅长20毫米左右。头、颈片基部及中部、翅基片中部、前足、中足胫节带橘红色。前翅红褐色，可见翅；内外线间、前缘基部及外缘均黄色具光泽。楔形纹为1对相互接近、相连或分离的椭圆形银斑；中室内另有2小银点靠近上述大斑；中室下角还有1金点；顶角下方具1斜暗褐纹。后翅褐色，基部色浅。

习性　寄主为莴苣属、蜂斗菜属、苦苣菜属植物。

分布　河北、北京、陕西、吉林、江西、云南、俄罗斯。

01
02 
03 
04

01
银锭夜蛾
Macdunnoughia crassisigna

鳞翅目　LEPIDOPTERA
夜蛾科　Noctuidae

特征　前翅长16毫米左右。与瘦银锭夜蛾相似，区别是：本种前翅中室后凹槽形银斑较粗壮，肾纹外侧有1银色纵线。

习性　幼虫取食菊科植物和胡萝卜。

分布　北京、陕西、河北、江西、湖北、四川、贵州；日本、朝鲜、印度。

02
庸肖毛翅夜蛾
Thyas juno

鳞翅目　LEPIDOPTERA
夜蛾科　Noctuidae

特征　翅展85毫米左右。前翅赭褐色或灰褐色，布黑细点，后缘红棕色；亚基线、内线、外线红棕色；内线后半及外线直斜；环纹1黑点；肾纹灰褐色，内有2黑斑；1黑色或赭黄色曲线自顶角至臀角；亚端区有1隐约暗褐纹。后翅黑色，端区红色，中部有粉蓝色钩形纹，外缘中段有密集黑点。

习性　幼虫危害桦树、李、木槿，成虫吸食多种水果果汁。

03
艾蒿滑羽蛾
Hellinsia lienigiana

鳞翅目　LEPIDOPTERA
羽蛾科　Pterophoridae

特征　翅展15~17毫米。腹部每节后缘具清楚或不清楚的黑褐色点；前翅灰白色至黄白色，散布黑褐色鳞片。

习性　寄主为菊科植物。

04
离斑指突短柄大蚊
Nephrotoma scalaris parvinotata

双翅目　DIPTERA
大蚊科　Tipulidae

特征　体长16~23毫米，前翅长10~15毫米。黄色。头基部中央具黑褐色中纵纹；触角柄节、梗节黄色，余节黑色，中胸前盾片3黑色纵纹，中斑前端具褐色楔形纹。侧斑前端明显外弯；盾片2黑纵纹。小盾片褐色，后背片中央1黑纵纹。前翅淡褐色，透明，亚前缘室几透明，翅痣明显。足黄褐色，腿节和胫节端部黑色，余地腹部背板具不连续的黑色中纵纹。

习性　幼虫取食麦类、蔬菜和树苗根部。

分布　华北、黑龙江、甘肃。

01
淡色库蚊
Culex pipiens pallens

双翅目　DIPTERA
蚊科　Culicidae

特征　体长3~7毫米，体细长，淡褐色。头顶被灰白色平覆鳞毛，两颊白色宽鳞区向眼后延伸成窄边；喙棕褐色，无白环，胸侧具一些淡鳞簇。前翅色淡，翅鳞棕褐色。足黄棕色，无白环。

习性　幼虫滋生于污水坑、污水沟、水塘、水田、水池、洼地积水、容器积水等处；成虫嗜吸人血。

分布　全国广布，全北区广布。

02
平菇厉眼蕈蚊
Lycoriella pleuroti

双翅目　DIPTERA
眼蕈蚊科　Sciaridae

特征　雄虫体长2~5毫米，体暗褐色；复眼很大，两复眼延伸至头顶一眼桥，桥面宽为4个小眼（个别为3个）；触角第4鞭节长为宽的2.5倍；雌虫体长3~4毫米，触角较短，腹端具1对尾须端节。

习性　幼虫取食平菇、杨树菇、香菇、木耳、灵芝等多种食用菌。

分布　北京、新疆、内蒙古、辽宁、河北、河南、上海、福建、四川、贵州、云南。

03
广虻
Tabanus sp.

双翅目　DIPTERA
虻科　Tabanidae

特征　体长16毫米左右。头顶无单眼和单眼瘤，活的时候复眼泛绿光，触角基节和梗节短；翅透明，无斑；腹背各节中央具宽的白色三角形。

04
黄虻
Atylotus sp.

双翅目　DIPTERA
虻科　Tabanidae

特征　雌性体灰色。额覆黄色粉被；复眼黄绿色；触角柄节淡黄色，鞭节棕黄色，小盾片密被黄毛；腹板及侧板密被白毛；前翅透明，翅脉棕黄色，足基节、转节淡黄色，被白毛；腿节除基部外及胫节棕黄色，前足胫节端部1/3及跗节黑色，中足、后足胫节端缘及各跗节端缘黑色。腹部灰色，被黄毛。

未定种

01
河北毛食虫虻
Laphria mitsukurii

双翅目　DIPTERA
食虫虻科　Asilidae

特征　体大型，长15~20毫米，粗壮，形似熊蜂；体黑色，仅腹部末3节红棕色；体密被黑毛，仅额、足胫节和跗节及腹部末3节被棕红色长毛。颜侧视凸起；前翅浅褐色，透明。各足腿节粗壮，后足胫节较前中足粗壮。

分布　河北、俄罗斯、日本。

02
鬼针长唇实蝇
Dioxyna bidentis

双翅目　DIPTERA
实蝇科　Tephritidae

特征　体长2.5~3.2毫米。头黄白色，后缘被白色毛，鬃黑色；复眼具彩虹纹，复眼内缘具白色细带；触角黄色，触角芒黑褐色。胸腹部灰黄褐色，被黑色鬃和白色毛。前翅透明，散布深色斑纹。

习性　幼虫取食菊科植物。

分布　华北、黑龙江、陕西。

03
短腹管蚜蝇
Eristalis arbustorum

双翅目　DIPTERA
蚜蝇科　Syrphidae

特征　成虫体长11~13毫米，复眼被棕色短毛；中胸背板黑色，隐约可见5个黑褐色斑，1个大，两侧各有2个；小盾片黄棕色，被同色毛；雄虫腹部第2节背面具近于"工"字形的黑斑，达前缘而后不达后缘，第3节黑色，前后缘黄白色，前缘带常波形，两侧稍宽大。

习性　幼虫腐食性，成虫访问三裂绣线菊等。

分布　北京、陕西、甘肃、宁夏、青海、新疆、内蒙古、黑龙江、辽宁、河北、山西、河南、山东、浙江、福建、湖北、湖南、四川、云南、西藏；俄罗斯、中亚至欧洲、印度、北非、北美。

04
钝黑斑眼蚜蝇
Eristalinus sepulchralis

双翅目　DIPTERA
蚜蝇科　Syrphidae

特征　成虫体长8~9毫米，复眼分离，普遍被毛；腹部可见不明显的毛斑，被白色毛；雌虫中胸背板具5条灰色纵条，较宽，中央的3条在端部（近小盾片处）常常相连；后足腿节和胫节黑色。

习性　幼虫腐食性，成虫访问蒲公英、旋覆花等。

分布　北京、甘肃、新疆、内蒙古、东北、河北、山西、山东、江苏、浙江、江西、湖北、湖南、广东、四川、西藏；日本、俄罗斯、蒙古、印度、欧洲、北非。

01
黑带蚜蝇
Episyrphus balteatus

双翅目　DIPTERA
蚜蝇科　Syrphidae

特征　体长6~10毫米，前翅长5~9毫米。触角橘红色，胸部灰绿色具光泽；胸部背板4黑纵纹，中央2条不达基部，被黄毛；小盾片暗黄色，略透明。前翅近透明，亚前缘室及翅痣棕黄色。足细长，橘黄色。腹部长卵形，背面大部分黄色，具黑斑，多变。

习性　幼虫捕食麦长管蚜、桃蚜、桃粉大尾蚜等多种蚜虫。

分布　河北、东北、陕西、甘肃、江苏、浙江。

02
黄环粗股蚜蝇
Syritta pipiens

双翅目　DIPTERA
蚜蝇科　Syrphidae

特征　成虫体长7~8毫米，体黑色，较细长，具淡棕色与灰白色斑；雌虫离眼，雄虫接眼；腹部背面具3对灰白色斑；后足腿节粗大，内缘端半部具黑色短刺，腿节基部红棕色或黑色，中部具大小不等的红棕色斑。

习性　幼虫捕食多种蚜虫，成虫访问芫荽、三裂绣线菊、紫苏、菊等。

分布　北京、陕西、甘肃、新疆、黑龙江、辽宁、河北、山西、湖北、湖南、福建、四川、云南；全北区、尼泊尔。

03
黄颜食蚜蝇
Syrphus ribesii

双翅目　DIPTERA
蚜蝇科　Syrphidae

特征　成虫体长9~13毫米，头顶黑色；复眼无毛，雌虫离眼，雄虫接眼；额淡黄色；触角上方具黑斑；小盾片黄色；足棕黄色，基节、转节、腿节基部及后足跗节背面黑褐色，前、中足跗节的端半部褐色。

习性　幼虫捕食多种蚜虫，成虫访问蓝盆花、地榆等。

01
印度细腹蚜蝇
Sphaerophoria Indiana

双翅目　DIPTERA
蚜蝇科　Syrphidae

特征　成虫体长6~7毫米，雄虫头顶三角黑色，被淡色长毛，额黄色，雌虫头顶橄榄棕色，额正中黑条不达触角基部；颜黄白色，中突黄色；触角黄色，端部淡棕色；中胸背板两侧黄色纵条自肩胛直达小盾片基部；腹部较短，雄虫通常仅基部两节黑带明显，其余黄色。

习性　幼虫捕食麦长管蚜等多种蚜虫，成虫访问山桃树、枣树、紫菀、菊等。

02
长尾管蚜蝇
Eristalis tenax

双翅目　DIPTERA
蚜蝇科　Syrphidae

特征　体长12~15毫米，前翅长10~13毫米。触角暗褐色至黑色，触角芒黄褐色。中胸背板黑色，被淡棕色毛，小盾片黄色或棕黄色。前翅透明，翅中部具棕褐色斑。足大部黑色，腿节端部、胫节和跗节黄色。腹部锥形，基部宽于胸，第1背板暗黑色，第2背板淡黄色，中部具"工"字形黑斑，第3背板淡黄色，端部具倒"T"形黑斑，第4、5背板黑色。

习性　幼虫腐食性。
分布　中国广泛分布；世界广泛分布。

03
羽芒宽盾蚜蝇
Phytomia zonata

双翅目　DIPTERA
蚜蝇科　Syrphidae

特征　体长12~15毫米，前翅长10~11毫米。触角棕黑色，触角芒基部2/3羽状。中胸背板黑色，红棕色毛；小盾片横宽，黑色，周缘被红棕色长毛。侧翅透明，中部具黑斑。足黑色，中足胫节基半部及后足胫节基部灰白色，中后足跗节暗红色。腹部第1背板黑色，两侧黄色，第2背板大部分黄棕色，端部1/4~1/3棕黑色，各节近前缘1对黄棕色狭斑。

04
狭腹毛管蚜蝇
Mallota vilis

双翅目　DIPTERA
蚜蝇科　Syrphidae

特征　体长12~15毫米，前翅长8~11毫米。触角黄褐色。中胸背板黑色，两侧具黄纵纹，中部1对黄细纵纹；小盾片暗黄色，密被同色长毛。前翅透明，痣暗黄色。足黑色，前足、中足腿节端部及胫节黄色，后足腿节端部及胫节基部黄褐色。腹部黑色。

01

02

03

04

01
丝光绿蝇
Lucilia sericata

双翅目　DIPTERA
丽蝇科　Calliphoridae

特征　体长5~10毫米。体绿色，具金属光泽，颊银白色；雌性额宽大于头宽的1/3，间额红棕色；侧后顶鬃一般2对以上；触角黑色，第3节长约为第2节的3倍，触角芒黑色，羽状；后中鬃3对。胸部小毛较细长而密；前盾片具明显的灰色粉被。前翅透明，翅脉黄棕色，腋斑黄白色。足黑色，有时前足腿节带绿色。

习性　幼虫尸食性。

02
星斑蛾蠓
Psychoda alternata

双翅目　DIPTERA
蛾蚋科　Psychodidae

特征　体长约1.5毫米。浅褐色。头部密被灰色和黑色长毛；触角15节，环毛状，第13、14节愈合，端节很小，胸部两侧密被灰色和黑色长毛。前翅淡灰褐色，翅缘密被灰色和黑色长毛；翅面杂布白色毛斑和黑色毛斑；纵脉端具褐斑；停歇时两翅呈屋脊状覆于体背。

习性　栖于室内下水管道中取食腐殖质。

03
日本弓背蚁
Camponotus japonicus

膜翅目　HYMENOPTERA
蚁科　Formicidae

特征　体多型，大型工蚁体长12.3~13.8毫米，中小型工蚁体长7.4~10.88毫米。体黑褐色，颊端部、唇基、上颚和足偶红褐色。头大，疏被黄毛；唇基中叶凸出，无明显中脊，端缘平直；上颚5齿。并腹胸呈连续弓形，前中胸背板平，并胸腹节侧扁，基面与斜面约等长。结节薄，前凸后平，具8~10直立刚毛。腹部密布平伏短毛。

分布　华北、东北。

04
瘦姬蜂
Ophion sp.

膜翅目　HYMENOPTERA
姬蜂科　Ichneumonidae

特征　体长18~20毫米。体黄褐色，修长而光滑，稀布细刻点。复眼、单眼及上颚齿黑褐色；复眼内缘近触角窝处有凹陷；单眼隆起，较大；颊较短。中胸盾纵沟部位顶外侧有黄色细纵条，中胸背板有隆脊自翅基片伸向小盾片；并腹节基有明显的横脊，端横脊中段消失，基区部位略凹陷。翅痣黄褐色，翅脉深褐色至黄褐色。

01
戈氏地蜂
Andrena (Larandrena) geae

膜翅目　HYMENOPTERA
地蜂科　Andrenidae

特征　雌虫体长8~11毫米，体被黄色至白色毛；腹背板第2—4节后缘具白色毛带，其中第2节毛带中部断裂；翅透明，稍带烟色，翅基片褐色，翅脉及翅痣黄褐色。雄虫体长，翅脉及翅痣红棕色。

习性　成虫访问迎春花、苹果树、梨树等植物。

分布　北京、河北、辽宁、朝鲜。

02
一枝黄花地蜂
Andrena solidago

膜翅目　HYMENOPTERA
地蜂科　Andrenidae

特征　雌虫体长11~13毫米，唇基中央具纵向光亮无刻点区；各腹节端缘具透明褐色带，腹部第2—4节后缘具淡黄色毛带；翅基片黑褐色，翅透明，稍带烟色，翅脉及翅痣黄褐色；足棕色至黑色。

习性　成虫访问毛樱桃、菊科蓟属植物等。

03
黄边胡蜂
Vespa crabro

膜翅目　HYMENOPTERA
胡蜂科　Vespidae

特征　体长22~30毫米；头橘黄色，额部色略深，中胸背板黑褐色，有时中央具棕色纵纹，不达后缘；第1腹节背板基缘及前截面棕色，其后深棕色，前缘黄色，很窄；两触角窝之间呈三角形，缘黑色；腹部第2—5节背板常有黄色端带。捕食多种鳞翅目幼虫，在食物少见时成虫会啃食成熟的果实。飞行时声音很响，灯下比较常见。

分布　北京、陕西、甘肃、东北、河北。

04
斯马蜂
Polistes snelleni

膜翅目　HYMENOPTERA
胡蜂科　Vespidae

特征　体长8.5~13毫米。黑色。唇基完全棕色；复眼后缘1黄横斑；触角支角突、柄节、梗节和第1鞭节红棕色。前胸背板前缘领状凸起黄色，除两侧下角黑色外，余锈色；小盾片锈色；肩板棕色；后胸背板基部1黄窄斑；并胸腹节两侧各1黄纵斑。足腿节腹面黑色，背面棕色；胫节、前足跗节和中足、后足跗节前4节棕色。第1、3、4腹节背板端缘具黄横斑；第2、5、6腹节背板端缘棕色。

分布　华北、吉林、辽宁、陕西、甘肃、华东、江西。

01

02

03

04

01
西方蜜蜂
Apis mellifera

膜翅目　HYMENOPTERA
蜜蜂科　Apidae

特征　体长12~17毫米。与东方蜜蜂中华亚种相似，区别如下：唇基黑色，无黄斑；后翅中脉不分叉。

02
地熊蜂
Bombus terrestris

膜翅目　HYMENOPTERA
蜜蜂科　Apidae

特征　雌虫体长18~22毫米，雌虫体毛密而整齐、黑色；胸颈和腹部第2节被柠檬黄色毛；腹部第4节后端、第5节及第6节两侧被白色毛。工蜂似雌虫，黄色毛更浅些。雄虫头部、胸部两端及腹基部2节被柠檬黄色毛。原产新西兰，中国曾引入用于北方温室的授粉。

03
富丽熊蜂
Bombus opulentus

膜翅目　HYMENOPTERA
蜜蜂科　Apidae

特征　雌虫体长18~20毫米，黑色和黄色相间，体毛致密且整齐；颜面被稀疏的黑褐色长毛；头顶、胸部背板、小盾片及腹部背板第1、2节被橘黄色毛；足除跗节外被黑褐色毛，跗节被褐色毛。后足花粉篮表面光滑具细微网纹。

习性　访问胡枝子、荆条等植物。

04
红光熊蜂
Bombus ignitus

膜翅目　HYMENOPTERA
蜜蜂科　Apidae

特征　体长14~22毫米。黑色，密被毛；头顶、颜面、胸部、腹部第1—3节和足被黑毛；腹部第4—6节被红黄色毛。单眼周围密布刻点；唇基横宽，密布刻点。翅黄色透明，翅脉暗褐色。腹部第6节背板微凹，具光泽。

分布　河北、北京、山西、黑龙江、辽宁、陕西、甘肃、山东、江苏、安徽。

雄蜂

01
黄斑园蛛
Araneus ejusmodi

蜘蛛目　ARANEAE
园蛛科　Araneidae

特征　雌蛛体长7~9毫米；雄蛛体长5~6毫米。头胸部黑褐色；颈沟明显；头部较高且较宽。腹部卵圆形，背面中央及两侧均有大小相间的黄斑，两侧有黑色纵纹。腹部背面自中段向体末端分布数条细纵线。腹部腹面中央自生殖沟至纺器呈黑褐色，上有1对左右相对的"T"形黄斑。

02
全沟硬蜱
Ixodes persulcatus

寄螨目　PARASITIFORMES
硬蜱科　Ixodidae

特征　体长中等，未吸血个体2.5~3.5毫米。假头基腹面的耳状突钝齿形。第1对足基节具一细长的内距，雌虫足基节Ⅰ内距的末端达基节Ⅱ的前1/3，雄虫的内距略微超过基节Ⅱ前缘。雌虫盾板椭圆形。雄虫假头基腹面向后凸出呈圆角。

习性　生活于温带的原始森林。成蜱在春夏季活动，寄生在各种大型家畜及很多野生动物，包括有蹄类、食肉类、啮齿类等，也常危害人。

分布　黑龙江、吉林、辽宁、山西、新疆、西藏、俄罗斯、日本、朝鲜、波兰。

03
蚰蜒
Scutigera coleoptrata

带马陆目　POLYDESMIDA
蚰蜒科　Scutigeridae

特征　蚰蜒主要由头部及毒牙、触角、背板、腹板、15对步足和内脏团等部分组成；体长25~50毫米，背板具硬壳；头部最前端着生2根触角，长度与体长基本相同，由基部到末端渐细；头部两侧对称生长着由大量单眼组成的伪复眼；腹板共有15节，相邻两节之间上下重叠以鱼鳞状排列；步足很长且脆弱，由头部向尾部依次变长，最后1对足最长，称为肛足。

习性　捕食小型昆虫等。

植物

　　植物是生物界的一大类，它们通过光合作用将光能转化为化学能，并以有机物的形式储存起来。植物种类繁多，形态各异，包括树木、花草、藤蔓等各种类型。它们大多具有细胞壁，含有叶绿素，主要进行自养生活。

　　植物在生态系统中具有不可替代的作用。它们是食物链的基础，为动物提供食物和栖息地。同时，植物还能通过吸收二氧化碳并释放氧气，有助于维持大气中的碳氧平衡。此外，植物还能净化空气、保持水土、美化环境等。

　　植物与人类生活密切相关。人类的食物、衣物、住房等都与植物有着千丝万缕的联系。许多植物还具有药用价值，被用于制造各种药物。同时，植物也是文化和艺术的重要元素，如花卉、盆景等常被用于装饰和观赏。

　　总之，植物是地球上不可或缺的生物资源，它们的存在为地球带来了生机与活力。我们应该珍惜和保护植物资源，促进人与自然的和谐共生。

　　《中国生物物种名录》2024版收录植物部分共收录47474个物种。

　　本手册根据实地影像调查，收录植物 43 科 100 种。

野荷花

01
木贼
Equisetum hyemale

木贼科　Equisetaceae
木贼属　*Equisetum*

特征　大型植物。根茎横走或直立，黑棕色。地上枝多年生。枝一型，绿色，不分枝或直基部有少数直立的侧枝。地上枝有脊16~22条；鞘筒黑棕色或顶部及基部各有一圈或仅顶部有一圈黑棕色；鞘齿16~22枚。

生境　生于向阳沙质地或山坡草地。

02
问荆
Equisetum arvense

木贼科　Equisetaceae
木贼属　*Equisetum*

特征　中小型蕨类植物。根茎黑棕色，地上枝当年枯萎。枝二型。高可达35厘米，黄棕色，鞘筒栗棕色或淡黄色，狭三角形。

生境　常见于河道沟渠旁、疏林、荒野和路边，潮湿的草地、沙土地、耕地、山坡及草甸等处。

03
蕨
Pteridium aquilinum var. *latiusculum*

碗蕨科　Dennstaedtiaceae
蕨属　*Pteridium*

特征　植株高可达1米。根状茎长。叶柄长20~80厘米，褐棕色或棕禾秆色，叶片三角形，三回羽状；羽片4~6对，叶脉稠密，仅下面明显。

生境　生于山地阳坡及森林边缘阳光充足的地方，海拔200~830米。

04
东北蹄盖蕨
Athyrium brevifrons

蹄盖蕨科　Athyriaceae
蹄盖蕨属　*Athyrium*

特征　根状茎短，直立或斜升，先端和叶柄基部密被深褐色、披针形的大鳞片；叶簇生。能育叶长35~120厘米；叶片卵形至卵状披针形，二回羽状。叶干后坚草质，褐绿色，两面无毛；叶轴和羽轴下面淡褐禾秆色或带淡紫红色，疏被浅褐色、卷缩的棘头状短腺毛。

生境　生于针阔叶混交林下或阔叶林下，海拔300~2010米。

01
香鳞毛蕨
Dryopteris fragrans

鳞毛蕨科　Dryopteridaceae
鳞毛蕨属　*Dryopteris*

特征　植株高约20~30厘米。根状茎直立或斜升。叶簇生，叶柄禾秆色，有沟槽；叶片长圆披针形，二回羽状至三回羽裂。叶草质，干后上面褐色，下面棕色，两面光滑，沿叶轴与羽轴被亮棕色披针形鳞片和腺体，叶脉羽状，两面不显。

生境　生于林下，海拔700~2400米。

02
东北多足蕨
Polypodium sibiricum

水龙骨科　Polypodiaceae
多足蕨属　*Polypodium*

特征　附生植物。根状茎长而横走。叶柄长约5~8厘米，禾秆色，光滑无毛；叶片长椭圆状披针形，羽状深裂或基部为羽状全裂。叶片近革质；干后上面灰绿色，平滑，背面黄绿色。

生境　附生于树干上或石上。

03
乌苏里瓦韦
Lepisorus ussuriensis

水龙骨科　Polypodiaceae
瓦韦属　*Lepisorus*

特征　植株高10~15厘米。根茎细长，横走，密被鳞片，鳞片披针形，褐色。叶片相距0.3~2.2厘米；叶柄长1.5~5厘米，禾秆色、淡棕或褐色，无毛；叶片线状披针形，长4~13厘米，中部宽0.5~1厘米，向两端渐窄，短渐尖头，或圆钝头，基部楔形，下延，叶干后上面淡绿色，下面淡黄绿色，或两面均淡棕色，边缘略反卷，纸质或近革质。

生境　生于海拔750~1700米林下或山坡荫处石缝中。

04
红皮云杉
Picea koraiensis

松科　Pinaceae
云杉属　*Picea*

特征　高达30米以上，胸径80厘米；树皮灰褐或淡红褐色，稀灰色，裂成不规则薄条片脱落，裂缝常为红褐色。一年生枝黄、淡黄褐或淡红褐色，无白粉，无毛或被较密的短毛，基部宿存芽鳞反曲。球果卵状圆柱形或长卵状圆柱形，长5~8（~15）厘米，径2.5~3.5厘米，熟前绿色，熟时绿黄褐或褐色；中部种鳞倒卵形，上部圆形或钝三角形。花期5—6月，球果9—10月成熟。

生境　生于海拔300~1600米地带，形成单纯林或针阔混交林。俄罗斯远东地区及朝鲜北部有分布。

01
偃松
Pinus pumila

松科　Pinaceae
松属　*Pinus*

特征　灌木，高达3~6米，树干通常伏卧状，基部多分枝；冬芽红褐色，圆锥状卵圆形，紫色或红紫色。球果直立，圆锥状卵圆形或卵圆形，成熟时淡紫褐色或红褐色。种子生于种鳞腹面下部的凹槽中，不脱落，暗褐色，三角形倒卵圆形，微扁。花期6—7月，球果第二年9月成熟。

生境　在土层浅薄、气候寒冷的高山上部之阴湿地带与西伯利亚刺柏混生，或在落叶松或黄花落叶松林下形成茂密的矮林。

02
樟子松
Pinus sylvestris var. *mongolica*

松科　Pinaceae
松属　*Pinus*

特征　乔木，高达25米，胸径达80厘米；大树树皮厚，树干下部灰褐色或黑褐色，深裂成不规则的鳞状块片脱落，上部树皮及枝皮黄色至褐黄色。雄球花圆柱状卵圆形，长5~10毫米，聚生新枝下部，长约3~6厘米；雌球花有短梗，淡紫褐色。花期5—6月，球果第二年9—10月成熟。

生境　产于黑龙江大兴安岭海拔400~900米山地及海拉尔以西、以南一带沙丘地区。为喜光性强、深根性树种，能适应土壤水分较少的山脊及向阳山坡，以及较干旱的沙地及石砾沙土地区。多成纯林或与落叶松混生。蒙古国也有分布。

03
五味子
Schisandra chinensis

五味子科　Schisandraceae
五味子属　*Schisandra*

特征　落叶木质藤本，雄花花梗长5~25毫米，中部以下具狭卵形、长4~8毫米的苞片，花被片粉白色或粉红色，6~9片。长圆形或椭圆状长圆形，小浆果红色，近球形或倒卵圆形，种子1~2粒，肾形，淡褐色，种皮光滑，种脐明显凹入呈"U"形。

生境　野生植株生长在山区的杂木林中、林缘或山沟的灌木丛中。

04
大花卷丹
Lilium leichtlinii var. *maximowiczii*

百合科　Liliaceae
百合属　*Lilium*

特征　鳞茎球形，高4厘米，宽4厘米，白色。茎高0.5~2米，有紫色斑点，具小乳头状突起。叶散生，窄披针形，花2~8朵排列成总状花序。花期7—8月。

生境　产于陕西、华北、东北。生于谷底沙地，海拔1290米。

01
大油芒
Spodiopogon sibiricus

禾本科　Poaceae
大油芒属　*Spodiopogon*

特征　多年生草本，具质地坚硬、密被鳞状苞片之长根状茎。秆直立，通常单一，高70~150厘米，具5~9节。总状花序长1~2厘米。花果期7—10月。

生境　产于我国黑龙江、吉林、辽宁、内蒙古、河北、山西、河南、陕西、甘肃、山东、江苏、安徽、浙江、江西、湖北、湖南等省区，以华北地区生长最为普遍；通常生于山坡、路旁林荫之下，也分布于日本、西伯利亚，在亚洲北部的温带区域广泛分布。

02
稗
Echinochloa crus-galli

禾本科　Poaceae
稗属　*Echinochloa*

特征　秆高50~150厘米，光滑无毛，基部倾斜或膝曲。叶片扁平，线形，长10~40厘米，宽5~20毫米，无毛，边缘粗糙。圆锥花序直立，近尖塔形，长6~20厘米；主轴具棱，粗糙或具疣基长刺毛；分枝斜上举或贴向主轴，有时再分小枝。

生境　多生于沼泽地、沟边及水稻田中，喜水湿、温暖。

03
球序韭
Allium thunbergii

石蒜科　Amaryllidaceae
葱属　*Allium*

特征　鳞茎常单生，卵状至狭卵状，或卵状柱形，伞形花序球状，具多而极密集的花。花果期8月底至10月。

生境　生于海拔1300米以下的山坡、草地或林缘。俄罗斯远东地区、蒙古国、朝鲜和日本也有分布。

04
野韭
Allium ramosum

石蒜科　Amaryllidaceae
葱属　*Allium*

特征　多年生草本，鳞茎近圆柱状，鳞茎外皮破裂成纤维状或网状。叶三棱状条形，背面具呈龙骨状隆起的纵棱，中空。花葶高25~60厘米，下部被叶鞘，总苞宿存，伞形花序多花，小花梗近等长，花白色，花丝等长，基部合生并与花被片贴生。花果期6月底到9月。

生境　生于海拔460~2100米的向阳山坡、草坡或草地上。

01
水莎草
Cyperus serotinus

莎草科　Cyperaceae
莎草属　*Cyperus*

特征　多年生草本，散生。复出长侧枝聚伞花序具4~7个第一次辐射枝；辐射枝向外展开，长短不等，最长达16厘米。每一辐射枝上具1~3个穗状花序，小坚果椭圆形或倒卵形，平凸状。花果期7—10月。

生境　多生长于浅水中、水边沙土上，有时亦见于路旁。

02
翼果薹草
Carex neurocarpa

莎草科　Cyperaceae
薹草属　*Carex*

特征　根状茎短，木质。秆丛生，全株密生锈色点线，高15~100厘米，淡黄锈色。叶短于或长于秆，宽2~3毫米，平张，边缘粗糙。穗状花序紧密，呈尖塔状圆柱形，花柱基部不膨大，柱头2个。花果期6—8月。

生境　生于水边湿地或草丛中，海拔100~1700米。也分布于俄罗斯（远东地区）、朝鲜、日本。

03
玉蝉花
Iris ensata

鸢尾科　Iridaceae
鸢尾属　*Iris*

特征　多年生草本，植株基部围有叶鞘残留的纤维。叶条形，长30~80厘米，宽0.5~1.2厘米。花茎高40~100厘米，有1~3枚茎生叶，花深紫色，直径9~10厘米，花被管漏斗形，外花被裂片倒卵形，中央下陷呈沟状，中脉上有黄色斑纹。蒴果长椭圆形，顶端有短喙。花期6—7月，果期8—9月。

生境　生于沼泽地或河岸的水湿地。

04
舞鹤草
Maianthemum bifolium

天门冬科　Asparagaceae
舞鹤草属　*Maianthemum*

特征　多年生草本，根状茎细长。基生叶有长达10厘米的叶柄，到花期已凋萎，茎生叶通常2枚，三角状卵形，基部心形。总状花序直立，约有10~25朵花，花序轴有柔毛或乳头状突起，花白色。浆果直径3~6毫米。花期5—7月，果期8—9月。

生境　生于高山阴坡林下。

01
玉竹
Polygonatum odoratum

天门冬科　Asparagaceae
黄精属　*Polygonatum*

特征　多年生草本，根状茎圆柱形。叶互生，椭圆形至卵状矩圆形，长5~12厘米，下面带灰白色。花序具1~4花，花被黄绿色至白色，全长13~20毫米，花被筒较直，裂片长约3~4毫米。浆果蓝黑色，具7~9颗种子。花期5—6月，果期7—9月。

生境　生于林下或山野阴坡，海拔500~3000米。

02
鸭跖草
Commelina communis

鸭跖草科　Commelinaceae
鸭跖草属　*Commelina*

特征　一年生披散草本。茎匍匐生根，多分枝。叶披针形至卵状披针形，长3~9厘米，宽1.5~2厘米。总苞片佛焰苞状，折叠状，展开后为心形，聚伞花序，花瓣深蓝色，内面2枚具爪。蒴果椭圆形。花期6—9月，果期9—10月。

生境　常见生于湿地。

03
黄芦木
Berberis amurensis

小檗科　Berberidaceae
小檗属　*Berberis*

特征　落叶灌木，高2~3.5米。老枝淡黄色或灰色，稍具棱槽，无疣点；总状花序具10~25朵花，长4~10厘米，无毛，总梗长1~3厘米；浆果长圆形，长约10毫米，直径约6毫米，红色，顶端不具宿存花柱，不被白粉或仅基部微被霜粉。花期4—5月，果期8—9月。

生境　生于海拔1100~2850米的山地灌丛中、沟谷、林缘、疏林中、溪旁或岩石旁。

04
宽苞翠雀花
Delphinium maackianum

毛茛科　Ranunculaceae
翠雀属　*Delphinium*

特征　茎高1.1~1.4米，下部被稍向下斜展的短糙毛，中部以上常变无毛。顶生总状花序狭长，有多数花；7—8月开花。

生境　在我国分布于辽宁（桓仁）、吉林和黑龙江的东部。生于山地林边或草坡。在朝鲜、俄罗斯远东地区也有分布。

01
单穗升麻
Cimicifuga simplex

毛茛科　Ranunculaceae
升麻属　*Cimicifuga*

特征　根状茎粗壮，横走，外皮带黑色。总状花序长达35厘米，不分枝或有时在基部有少数短分枝。8—9月开花，9—10月结果。

生境　在我国分布于四川、甘肃、陕西、河北、内蒙古、辽宁、吉林、黑龙江。生于海拔300~2300米间的山地草坪、潮湿的灌丛、草丛或草甸的草墩中。在俄罗斯西伯利亚东部和远东地区，以及蒙古国、日本也有分布。

02
齿叶铁线莲
Clematis serratifolia

毛茛科　Ranunculaceae
铁线莲属　*Clematis*

特征　藤本。茎细长，带紫褐色，有明显纵条纹；小叶片宽披针形，卵状披针形或卵状长圆形。聚伞花序腋生，有3花；瘦果椭圆形。花期8月，果期9—10月。

生境　生海拔400米左右的山地林下、路旁干燥地以及河套卵石地。在我国分布于辽宁中部和东部、吉林东部。朝鲜、日本北海道、俄罗斯（远东地区）也有分布。

03
棉团铁线莲
Clematis hexapetala

毛茛科　Ranunculaceae
铁线莲属　*Clematis*

特征　直立草本，高30~100多厘米。老枝圆柱形，有纵沟。花序顶生，聚伞花序或为总状、圆锥状聚伞花序，有时花单生，白色，瘦果倒卵形，扁平，密生柔毛。花期6—8月，果期7—10月。

生境　生于固定沙丘、干山坡或山坡草地，尤以东北及内蒙古草原地区较为普遍。朝鲜、蒙古、俄罗斯西伯利亚东部也有。

04
展枝唐松草
Thalictrum squarrosum

毛茛科　Ranunculaceae
唐松草属　*Thalictrum*

特征　植株全部无毛。根状茎细长，自节生出长须根。茎高60~100厘米，有细纵槽，通常自中部近二歧状分枝。花序圆锥状，淡黄绿色，狭卵形，瘦果狭倒卵球形或近纺锤形。7—8月开花。

生境　在我国分布于陕西北部、山西、河北北部、内蒙古、辽宁、吉林、黑龙江。生于海拔200~1900米间平原草地、田边或干燥草坡。在蒙古国、俄罗斯西伯利亚东部和远东地区也有分布。

01
驴蹄草
Caltha palustris

毛茛科　Ranunculaceae
驴蹄草属　*Caltha*

特征　多年生草本，全部无毛，有多数肉质须根。茎在中部或中部以上分枝，稀不分枝。基生叶3~7枚，有长柄；叶片圆形，圆肾形或心形，茎生叶通常向上逐渐变小。茎或分枝顶部有由2朵花组成的简单的单歧聚伞花序；蓇葖长约1厘米；种子狭卵球形。5—9月开花，6月开始结果。

生境　通常生于山谷溪边或湿草甸，有时也生在草坡或林下较阴湿处。

02
弯枝乌头
Aconitum fischeri var. *arcuatum*

毛茛科　Ranunculaceae
乌头属　*Aconitum*

特征　与薄叶乌头的区别：茎无毛，上部之字形弯曲，枝条常较长，与花序均不等二叉状分枝；花序轴和花梗无毛或几无毛，分枝形成90~180度角；雄蕊无毛。上萼片高2.2~2.5厘米，下缘长约2厘米。

生境　在我国分布于吉林和黑龙江的东部。生低山林下或草坡上。在朝鲜、俄罗斯远东地区也有分布。

03
草芍药
Paeonia obovata

芍药科　Paeoniaceae
芍药属　*Paeonia*

特征　多年生草本。根粗壮，长圆柱形。茎高30~70厘米，无毛，基部生数枚鞘状鳞片。单花顶生，直径7~10厘米；萼片3~5枚，宽卵形，长1.2~1.5厘米，淡绿色，花瓣6枚，白色、红色、紫红色，倒卵形，成熟时果皮反卷呈红色。花期5月至6月中旬；果期9月。

生境　生于海拔800~2600米的山坡草地及林缘。在朝鲜、日本及俄罗斯远东地区也有分布。

04
落新妇
Astilbe chinensis

虎耳草科　Saxifragaceae
落新妇属　*Astilbe*

特征　多年生草本，高达1米。茎无毛。基生叶为二或三回3出羽状复叶；茎生叶2~3，较小。圆锥花序长8~37厘米；花序轴密被褐色卷曲长柔毛；花瓣5，淡紫色，线形。花果期6—9月。

生境　生于海拔390~3600米山谷、溪边、林下及林缘。俄罗斯、朝鲜及日本也有分布。

01
钝叶瓦松
Hylotelephium malacophyllum

景天科　Crassulaceae
八宝属　*Hylotelephium*

特征　二年生草本。第一年植株有莲座丛；莲座叶先端不具刺，先端钝或短渐尖，长圆状披针形、倒卵形、长椭圆形至椭圆形，全缘。花序紧密，总状，有时穗状，有时有分枝；种子卵状长圆形，有纵条纹。花期7月，果期8—9月。

生境　产于河北、内蒙古、辽宁、吉林、黑龙江。生于海拔1200~1800米的岩石缝中。朝鲜、蒙古国、俄罗斯西伯利亚地区也有分布。

02
狼爪瓦松
Orostachys cartilaginea

景天科　Crassulaceae
瓦松属　*Orostachys*

特征　二年生或多年生草本。莲座叶长圆状披针形，先端有软骨质附属物，背凸出，白色。茎生叶互生，线形或披针状线形。总状花序圆柱形，紧密多花，高10~30厘米。花果期9—10月。

生境　产山东、内蒙古、辽宁、吉林、黑龙江。生长低山山坡上。俄罗斯也有。模式标本采自黑龙江绥芬河流域。

04
山刺玫
Rosa davurica

蔷薇科　Rosaceae
蔷薇属　*Rosa*

特征　直立灌木，高约1.5米；分枝较多，小枝圆柱形，无毛，紫褐色或灰褐色，花单生于叶腋，或2~3朵簇生；果近球形或卵球形，直径1~1.5厘米，红色，光滑，萼片宿存，直立。花期6—7月，果期8—9月。

生境　产于黑龙江、吉林、辽宁、内蒙古、河北、山西等省区。多生于海拔430~2500米山坡阳处或杂木林边、丘陵草地。朝鲜、俄罗斯西伯利亚东部、蒙古国南部也有分布。

04
山里红
Crataegus pinnatifida var. *major*

蔷薇科　Rosaceae
山楂属　*Crataegus*

特征　落叶乔木，高达6米，树皮粗糙，暗灰色或灰褐色。伞房花序具多花，果实近球形或梨形，直径1~1.5厘米，深红色，有浅色斑点。花期5—6月，果期9—10月。

生境　产于黑龙江、吉林、辽宁、内蒙古、河北、河南、山东、山西、陕西、江苏。生于海拔100~1500米的山坡林边或灌木丛中。

01
山楂
Crataegus pinnatifida

蔷薇科　Rosaceae
山楂属　*Crataegus*

特征　落叶乔木，高达6米，树皮粗糙，暗灰色或灰褐色；刺长约1~2厘米，有时无刺；伞房花序具多花，果实近球形或梨形，直径1~1.5厘米，深红色，有浅色斑点；小核3~5个。

生境　一般分布于荒山秃岭、阳坡、半阳坡、山谷。

02
毛山楂
Crataegus maximowiczii

蔷薇科　Rosaceae
山楂属　*Crataegus*

特征　灌木或小乔木，高达7米，无刺或有刺。复伞房花序，多花，果实球形，直径约8毫米，红色，幼时被柔毛，以后脱落无毛。花期5—6月，果期8—9月。

生境　产于黑龙江、吉林、辽宁、内蒙古。生于海拔200~1000米的杂木林中或林边、河岸沟边及路边。分布俄罗斯西伯利亚东部到萨哈林岛（库页岛）、朝鲜及日本。

03
露珠草
Circaea cordata

柳叶菜科　Onagraceae
露珠草属　*Circaea*

特征　粗壮草本，高20~150厘米，被平伸的长柔毛、镰状外弯的曲柔毛和顶端头状或棒状的腺毛，毛被通常较密；单总状花序顶生。花期6—8月，果期7—9月。

生境　产于黑龙江、吉林、辽宁、河北、山西、陕西、甘肃、山东、安徽、浙江、江西、台湾、河南、湖北、湖南、四川、贵州、云南及西藏。生于排水良好的落叶林，稀见于北方针叶林，垂直分布从海平面至海拔3500米。

01
月见草
Oenothera biennis

柳叶菜科　Onagraceae
月见草属　Oenothera

特征　直立二年生粗壮草本，基生莲座叶丛紧贴地面；茎高50~200厘米，不分枝或分枝，花序穗状，不分枝。

生境　原产北美（尤加拿大与美国东部），在我国东北、华北、华东（含台湾）、西南（四川、贵州）有栽培，并早已沦为逸生，常生开阔荒坡路旁。

02
尖叶铁扫帚
Lespedeza juncea

豆科　Fabaceae
胡枝子属　Lespedeza

特征　小灌木，高可达1米。全株被伏毛，分枝或上部分枝呈扫帚状。托叶线形。总状花序腋生，稍超出叶，有3~7朵排列较密集的花，近似伞形花序，花开后具明显3脉；花冠白色或淡黄色。花期7—9月，果期9—10月。

生境　产黑龙江、吉林、辽宁、内蒙古、河北、山西、甘肃及山东等省区。生于海拔1500米以下的山坡灌丛间。朝鲜、日本、蒙古、俄罗斯西伯利亚地区也有分布。

03
达乌里黄芪
Astragalus dahuricus

豆科　Fabaceae
黄芪属　Astragalus

特征　一年生或二年生草本，被开展的白色柔毛。茎直立，高达80厘米，分枝，有细棱。羽状复叶有11~19（23）片小叶，长4~8厘米；花冠紫色，旗瓣近倒卵形，长12~14毫米，宽6~8毫米。种子淡褐色或褐色，肾形，长约1毫米，宽约1.5毫米，有斑点，平滑。花期7—9月，果期8—10月。

生境　产于东北、华北、西北及山东、河南、四川北部。生于海拔400~2500米的山坡和河滩草地。俄罗斯、蒙古国、朝鲜也有分布。

01
斜茎黄芪
Astragalus laxmannii

豆科　Fabaceae
黄芪属　*Astragalus*

特征　多年生草本，高20~100厘米。总状花序长圆柱状、穗状、稀近头状，生多数花，排列密集，有时较稀疏。花期6—8月，果期8—10月。

生境　产于东北、华北、西北、西南地区。生于向阳山坡灌丛及林缘地带。原俄罗斯、蒙古国、日本、朝鲜和北美温带地区都有分布。

02
野火球
Trifolium lupinaster

豆科　Fabaceae
车轴草属　*Trifolium*

特征　多年生草本，高30~60厘米。头状花序着生顶端和上部叶腋，具花20~35朵；总花梗长1.3（~5）厘米，被柔毛；花序下端具1早落的膜质总苞；花长（10）12~17毫米，萼钟形。荚果长圆形，棕灰色。花果期6—10月。

生境　产东北、内蒙古、河北、山西、新疆。生于低湿草地、林缘和山坡。朝鲜、日本、蒙古和俄罗斯均有分布。

03
山野豌豆
Vicia amoena

豆科　Fabaceae
野豌豆属　*Vicia*

特征　多年生草本，高30~100厘米，植株被疏柔毛，稀近无毛。总状花序通常长于叶；种子1~6枚，圆形，种皮革质，深褐色，具花斑。花期4—6月，果期7—10月。

生境　生于海拔80~7500米草甸、山坡、灌丛或杂木林中。俄罗斯西伯利亚及远东、朝鲜、日本、蒙古国亦有。

01
野豌豆
Vicia sepium

豆科　Fabaceae
野豌豆属　*Vicia*

特征　多年生草本，高30~100厘米。根茎匍匐，茎柔细斜升或攀缘，具棱，短总状花序，花2~4（6）朵腋生；荚果宽长圆状，近菱形，长2.1~3.9厘米，宽0.5~0.7厘米，成熟时亮黑色，先端具喙，微弯。种子5~7枚，扁圆球形。

生境　生于海拔1000~2200米山坡、林缘草丛。

02
黄心卫矛
Euonymus macropterus

卫矛科　Celastraceae
卫矛属　*Euonymus*

特征　灌木，高达5米；聚伞花序3~13花，常具1~2对分枝，2对分枝时常紧密总状排列或聚生在花序梗顶端，花黄色，花瓣近圆形。蒴果类球状，种子近卵状，黑褐色，有光泽。

生境　产于黑龙江南部、吉林、辽宁及河北。生长于山地林中。分布达西伯利亚地区、朝鲜和日本。模式标本采自黑龙江。

03
南蛇藤
Celastrus orbiculatus

卫矛科　Celastraceae
南蛇藤属　*Celastrus*

特征　小枝光滑无毛，灰棕色或棕褐色，聚伞花序腋生，间有顶生，花序长1~3厘米，小花1~3朵，偶仅1~2朵；蒴果近球状，直径8~10毫米；种子椭圆状稍扁，长4~5毫米，直径2.5~3毫米，赤褐色。

生境　产于黑龙江、吉林、辽宁、内蒙古、河北、山东、河南、陕西、甘肃、江苏、安徽等地区。

04
刺蓼
Persicaria senticosum (Meisn.) Franch. et Sav.

蓼科　Polygonaceae
蓼属　*Persicaria*

特征　茎攀缘，长1~1.5米，多分枝，被短柔毛，四棱形，沿棱具倒生皮刺。叶片三角形或长三角形，花序梗分枝，密被短腺毛；苞片长卵形，淡绿色，边缘膜质，具短缘毛，每苞内具花2~3朵。花期6—7月，果期7—9月。

生境　产于东北、河北、河南、山东、江苏、浙江、安徽、湖南、湖北、台湾、福建、广东、广西、贵州和云南。生于海拔120~1500米的山坡、山谷及林下。日本、朝鲜也有分布。

01
戟叶蓼
Persicaria thunbergii

蓼科　Polygonaceae
蓼属　*Persicaria*

特征　一年生草本。茎直立或上升，具纵棱，沿棱具倒生皮刺，花序头状，顶生或腋生，分枝，花序梗具腺毛及短柔毛。花期7—9月，果期8—10月。

生境　产于东北、华北、陕西、甘肃、华东、华中、华南及四川、贵州、云南。生于海拔90~2400米的山谷湿地、山坡草丛。朝鲜、日本、俄罗斯（远东）有分布。

02
两栖蓼
Persicaria amphibia

蓼科　Polygonaceae
蓼属　*Persicaria*

特征　多年生草本，根状茎横走。生于水中者，茎漂浮，无毛，节部生不定根。总状花序呈穗状，顶生或腋生，长2~4厘米。花期7—8月，果期8—9月。

生境　产于东北、华北、西北、华东、华中和西南。生于海拔50~3700米的湖泊边缘的浅水中、沟边及田边湿地。分布于亚洲、欧洲和北美。

03
红蓼
Persicaria orientalis

蓼科　Polygonaceae
蓼属　*Persicaria*

特征　一年生草本。茎直立，粗壮，高1~2米，上部多分枝，密被开展的长柔毛。叶宽卵形、宽椭圆形或卵状披针形，密生缘毛，两面密生短柔毛，叶脉上密生长柔毛；总状花序呈穗状，顶生或腋生，长3~7厘米，花紧密，微下垂，通常数个再组成圆锥状；花被5深裂，淡红色或白色。花期6—9月，果期8—10月。

生境　除西藏外，广布于全国各地，野生或栽培。生沟边湿地、村边路旁，海拔30~2700米。朝鲜、日本、俄罗斯、菲律宾、印度、欧洲和大洋洲也有。

01
长鬃蓼
Persicaria longiseta

蓼科　Polygonaceae
蓼属　*Persicaria*

特征　一年生草本。茎直立、总状花序呈穗状，顶生或腋生。瘦果宽卵形，具3棱，黑色，有光泽。花期6~8月，果期7—9月。

生境　产于东北、华北、陕西、甘肃、华东、华中、华南、四川、贵州和云南。生于海拔30~3000米的山谷水边、河边草地。日本、朝鲜、菲律宾、马来西亚、印度尼西亚、缅甸、印度也有分布。

02
辽东桤木
Alnus hirsuta

桦木科　Betulaceae
桤木属　*Alnus*

特征　乔木，高6~15（20）米；树皮灰褐色，光滑；枝条暗灰色，具棱，无毛；果序2~8枚呈总状或圆锥状排列，近球形或矩圆形，长1~2厘米；序梗极短，长2~3毫米或几无梗；果苞木质，长3~4毫米，顶端微圆，具5枚浅裂片。小坚果宽卵形，长约3毫米；果翅厚纸质，极狭，宽及果的1/4。

生境　产于黑龙江、吉林、辽宁、山东。生于海拔700~1500米的山坡林中、岸边或潮湿地。俄罗斯西伯利亚和远东地区、朝鲜、日本也有分布。

03
茶条枫
Acer tataricum subsp. ginnala

无患子科　Sapindaceae
槭属　*Acer*

特征　落叶灌木或小乔木，高5~6米。树皮粗糙，微纵裂，灰色，稀深灰色或灰褐色。小枝细瘦，近于圆柱形，无毛。花杂性，雄花与两性花同株；萼片5枚，卵形，黄绿色，外侧近边缘被长柔毛，长1.5~2毫米；花瓣5枚，长圆卵形白色，较长于萼片；雄蕊8个，与花瓣近于等长，花丝无毛。

生境　深厚而排水良好之沙质土壤。

04
花楷枫
Acer ukurunduense

无患子科　Sapindaceae
槭属　*Acer*

特征　落叶乔木，通常高8~10米，稀达15米。树皮粗糙，灰褐色或深褐色，常裂成薄片脱落。雌雄异株，常成有短柔毛的直立的顶生总状圆锥花序，成熟时黄褐色，常成直立的穗状果序；小坚果卵圆形，微有毛，直径6毫米；翅与小坚果共长1.5~2厘米，阔6毫米，张开成直角。

生境　生于海拔500~1500米的疏林中。

01
鹅肠菜
Stellaria aquatica

石竹科　Caryophyllaceae
繁缕属　*Stellaria*

特征　二年生或多年生草本，具须根。茎上升，多分枝，长50~80厘米，上部被腺毛。叶片卵形或宽卵形，顶生二歧聚伞花序。花期5—8月，果期6—9月。

生境　产于我国南北各省。生于海拔350~2700米的河流两旁冲积沙地的低湿处或灌丛林缘和水沟旁。北半球温带及亚热带以及北非也有分布。

02
长柱蝇子草
Silene macrostyla

石竹科　Caryophyllaceae
蝇子草属　*Silene*

特征　多年生草本，高50~90厘米。假轮伞状圆锥花序，具多数花，花瓣白色，近楔形，蒴果卵形，长5.5~6.5毫米，比宿存萼短；种子肾形，黑褐色，长约1毫米。花期7—8月，果期8—9月。

生境　产黑龙江、吉林、辽宁等省。生于多砾石的草坡、干草原或林下。朝鲜（北部）和俄罗斯（远东地区）也有。模式标本采自黑龙江下游。

03
盐地碱蓬
Suaeda salsa

苋科　Amaranthaceae
碱蓬属　*Suaeda*

特征　一年生草本，高20~80厘米，绿色或紫红色。茎直立，团伞花序通常含3~5朵花，腋生，在分枝上排列成有间断的穗状花序；种子横生，双凸镜形或歪卵形。花果期7—10月。

生境　产于东北、内蒙古、河北、山西、陕西北部、宁夏、甘肃北部及西部、青海、新疆，以及山东、江苏、浙江的沿海地区，生于盐碱土，在海滩及湖边常形成单种群落。分布于欧洲及亚洲。

04
狭叶当归
Angelica anomala

伞形科　Apiaceae
当归属　*Angelica*

特征　多年生草本。根粗大，纺锤形至圆柱形，常分枝。茎高80~150厘米，有细沟纹，带紫色。复伞形花序，花白色，花瓣倒卵形。果实长圆形至卵形。花期7—8月，果期8—9月。

生境　产黑龙江、吉林和内蒙古。生长于山坡、路旁、草地、林缘、水溪旁、阔叶林下和石砾质河滩上。分布于朝鲜、俄罗斯西伯利亚东部。模式标本产额尔古纳河。

01
大齿山芹
Ostericum grosseserratum

伞形科　Apiaceae
山芹属　*Ostericum*

特征　多年生草本，高可达1米。根细长，圆锥状或纺锤形，单一或稍有分枝。茎直立，圆管状，有浅纵沟纹。复伞形花序直径2~10厘米，伞辐6~14厘米，不等长，花瓣倒卵形。花期7—9月，果期8—10月。

生境　产于吉林、辽宁、河北、山西、陕西、河南、安徽、江苏、浙江、福建等省。生长于山坡、草地、溪沟旁、林缘灌丛中。也分布于朝鲜、日本及俄罗斯远东地区。

02
蛇床
Cnidium monnieri

伞形科　Apiaceae
蛇床属　*Cnidium*

特征　一年生草本，高10~60厘米。复伞形花序直径2~3厘米；花瓣白色，分生果长圆状，横剖面近五角形。

生境　性喜温暖、湿润的环境，产于华东、中南、西南、西北、华北、东北。

03
泽芹
Sium suave

伞形科　Apiaceae
泽芹属　*Sium*

特征　光滑，多年生草本，高60~120厘米。复伞形花序顶生和侧生，花序梗粗壮，长3~10厘米，花白色，花柄长3~5毫米；萼齿细小；花柱基短圆锥形。果实卵形，长2~3毫米。

生境　生于沼泽、湿草甸子、溪边、水边较潮湿处。

04
东北土当归
Aralia continentalis

五加科　Araliaceae
楤木属　*Aralia*

特征　多年生草本，地下有块状粗根茎。地上茎高达1米，上部有灰色细毛。叶为二回或三回羽状复叶；圆锥花序大，长达55厘米，顶生或腋生，分枝紧密，主轴及分枝有灰色细毛；伞形花序直径1.5~2厘米，有花多数。花期7—8月，果期8—9月。

生境　生于海拔800~3200米森林下和山坡草丛中。

01
无梗五加
Eleutherococcus sessiliflorus

五加科　Araliaceae
五加属　*Eleutherococcus*

特征　灌木或小乔木，高 2~5 米；树皮暗灰色或灰黑色，有纵裂纹和粒状裂纹；头状花序紧密，球形，直径 2~3.5 厘米，有花多数，5~6 个稀多至 10 个组成顶生圆锥花序或复伞形花序；花瓣 5 枚，卵形，浓紫色。花期 8—9 月，果期 9—10 月。

生境　分布于黑龙江（黑龙江、虎林、海林）、吉林（吉林市、安图、抚松）、辽宁（千山）、河北（兴隆、易县、小五台山）和山西（五台山）。生于海拔 200~1000 米森林或灌丛中。朝鲜也有分布。

02
软枣猕猴桃
Actinidia arguta

猕猴桃科　Actinidiaceae
猕猴桃属　*Actinidia*

特征　大型落叶藤本；花序腋生或腋外生，为 1~2 回分枝，1~7 朵花，或厚或薄地被淡褐色短茸毛，卵圆形至长圆形，成熟时绿黄色或紫红色。

生境　本种分化强烈，分布广阔。从最北的黑龙江岸至南方广西境内的五岭山地都有分布；一共分为 6 个变种。

03
四叶葎
Galium bungei

茜草科　Rubiaceae
拉拉藤属　*Galium*

特征　多年生丛生直立草本，高 5~50 厘米，有红色丝状根；聚伞花序顶生和腋生，稠密或稍疏散，总花梗纤细，常 3 歧分枝，再形成圆锥状花序；花小；花冠黄绿色或白色。辐状花期 4—9 月，果期 5 月至翌年 1 月。

生境　生于山地、丘陵、旷野、田间、沟边的林中、灌丛或草地，常见。垂直分布海拔 50~2520 米。也分布于日本、朝鲜。

01
兔儿尾苗
Pseudolysimachion longifolium

车前科　Plantaginaceae
兔尾苗属　*Pseudolysimachion*

特征　茎单生或数支丛生，近于直立，不分枝或上部分枝，高40厘米至1米余。总状花序常单生，少复出，长穗状。花期6—8月。

生境　分布于新疆和黑龙江、吉林（汪清）。欧洲至俄罗斯远东地区及朝鲜北部也有。海拔达1500米左右。生于草甸、山坡草地、林缘草地、桦木林下。

02
地笋
Lycopus lucidus

唇形科　Lamiaceae
地笋属　*Lycopus*

特征　多年生草本，高0.6~1.7米；根茎横走，具节，节上密生须根，先端肥大呈圆柱形，轮伞花序无梗，轮廓圆球形，花径1.2~1.5厘米，多花密集。花期6—9月，果期8—11月。

生境　分布在黑龙江、吉林、辽宁、河北、陕西、四川、贵州、云南，生于沼泽地、水边、沟边等潮湿处，海拔320~2100米。俄罗斯、日本也有分布。

03
麻叶风轮菜
Clinopodium urticifolium

唇形科　Lamiaceae
风轮菜属　*Clinopodium*

特征　多年生直立草本，根茎木质。轮伞花序多花密集，半球形。花期6—8月，果期8—10月。

生境　产于黑龙江、辽宁、吉林、河北、河南、山西、陕西、四川西北部、山东及江苏，生于海拔300~2240米的山坡、草地、路旁、林下。朝鲜、俄罗斯远东地区也有分布。

04
藿香
Agastache rugosa

唇形科　Lamiaceae
藿香属　*Agastache*

特征　多年生草本。茎直立，轮伞花序多花，成熟小坚果卵状长圆形，长约1.8毫米，宽约1.1毫米，腹面具棱，先端具短硬毛，褐色。

生境　生长在湿润、多雨的环境，中国各地广泛分布。

01
香薷
Elsholtzia ciliata

唇形科　Lamiaceae
香薷属　*Elsholtzia*

特征　直立草本，高0.3~0.5米，具密集的须根。茎通常自中部以上分枝，钝四棱形，具槽，穗状花序长2~7厘米，小坚果长圆形，长约1毫米，棕黄色，光滑。

生境　分布在除新疆、青海以外全国各地。

02
细叶益母草
Leonurus sibiricus

唇形科　Lamiaceae
益母草属　*Leonurus*

特征　一年生或二年生草本，有圆锥形的主根。茎直立，轮伞花序腋生，多花，花时轮廓为圆球形，小坚果长圆状三棱形，长2.5毫米，顶端截平，基部楔形，褐色。花期7—9月，果期9月。

生境　产于内蒙古，河北北部，山西及陕西北部；生于石质及沙质草地上及松林中，海拔可达1500米。俄罗斯、蒙古国也有分布。

03
沟酸浆
Erythranthe tenella

透骨草科　Phrymaceae
沟酸浆属　*Mimulus*

特征　多年生草本，柔弱，常铺散状，无毛。茎长可达40厘米，多分枝。花单生叶腋，花梗与叶柄近等长，明显的较叶短；花萼圆筒形；花冠较萼长一倍半，漏斗状，黄色；种子卵圆形，具细微的乳头状突起。花果期6—9月。

生境　分布于秦岭、淮河以北，陕西以东各省区。朝鲜也有。生海拔700~1200米的水边、林下湿地。

04
山罗花
Melampyrum roseum

列当科　Orabanchaceae
山罗花属　*Melampyrum*

特征　直立草本，植株全体疏被鳞片状短毛，有时茎上还有两列多细胞柔毛。花冠紫色、紫红色或红色，长15~20毫米。种子黑色，长3毫米。花期夏秋。

生境　分布于东北、河北、山西、陕西、甘肃、河南、湖北、湖南及华东各省。朝鲜、日本及俄罗斯远东地区也有分布。生于山坡灌丛及高草丛中。

01
松蒿
Phtheirospermum japonicum

列当科　Orabanchaceae
松蒿属　*Phtheirospermum*

特征　一年生草本，高可达100厘米，但有时高仅5厘米即开花，花具长2~7毫米之梗，萼长4~10毫米，萼齿5枚，叶状，披针形，长2~6毫米，宽1~3毫米，花冠紫红色至淡紫红色，种子卵圆形，扁平，长约1.2毫米。花果期6—10月。

生境　分布于我国除新疆、青海以外各省区。生于海拔150~1900米间的山坡灌丛荫处。朝鲜、日本及俄罗斯远东地区也有分布。

02
东北凤仙花
Impatiens furcillata

凤仙花科　Balsaminaceae
凤仙花属　*Impatiens*

特征　一年生草本，高30~70厘米。茎细弱，直立，有分枝或无，排成总状花序；花梗细，基部有1条形苞片；花小，黄色或淡紫色。

生境　生于海拔700~1050米的山谷河边、林缘或草丛中。朝鲜、俄罗斯远东地区也有分布。

03
翠菊
Callistephus chinensis

菊科　Asteraceae
翠菊属　*Callistephus*

特征　一年生或二年生草本，高（15）30~100厘米。茎直立，单生，有纵棱，被白色糙毛，两性花花冠黄色，檐部长4~7毫米，管部长1~1.5毫米。瘦果长椭圆状倒披针形，稍扁，长3~3.5毫米，中部以上被柔毛。外层冠毛宿存，内层冠毛雪白色，不等长，长3~4.5毫米，顶端渐尖，易脱落。花果期5—10月。

生境　产于我国吉林、辽宁、河北、山西、山东、云南以及四川省等。生长于海拔30~2700米的山坡撂荒地、山坡草丛、水边或疏林荫处。

01
一年蓬
Erigeron annuus

菊科　Asteraceae
飞蓬属　*Erigeron*

特征　一年生或二年生草本，茎粗壮，高30~100厘米，头状花序数个或多数，排列成疏圆锥花序。花期6—9月。

生境　原产北美洲，在我国已驯化。广泛分布于吉林、河北、河南、山东、江苏、安徽、江西、福建、湖南、湖北、四川和西藏等省区，常生于路边旷野或山坡荒地。

02
草地风毛菊
Saussurea amara

菊科　Asteraceae
风毛菊属　*Saussurea*

特征　茎直立，高（9）15~60厘米，头状花序在茎枝顶端排成伞房状或伞房圆锥花序。总苞钟状或圆柱形，直径8~12毫米；总苞片4层，外层披针形或卵状披针形，全部苞片外面绿色或淡绿色，有少数金黄色小腺点或无腺点。小花淡紫色。

生境　生于海拔510~3200米的荒地、路边、森林草地、山坡、草原、盐碱地、河堤、沙丘、湖边、水边。

03
齿叶风毛菊
Saussurea neoserrata

菊科　Asteraceae
风毛菊属　*Saussurea*

特征　高30~100厘米。根状茎横走。茎直立，有棱，具狭翼，下部被稀疏长柔毛，单生，上部有伞房花序分枝。头状花序多数，在茎枝顶端密集排列成伞房花序，有短花序梗。总苞钟状。

生境　分布在朝鲜、西伯利亚、远东、俄罗斯以及中国大陆的内蒙古、吉林等地。常生于落叶松林林缘及林间草甸。

04
盘果菊
Nabalus tatarinowii

菊科　Asteraceae
耳菊属　*Nabalus*

特征　多年生草本，高0.5~1.5米。茎直立，单生，头状花序含5枚舌状小花，多数，沿茎枝排成疏松的圆锥状花序或少数沿茎排列成总状花序。花果期8—10月。

生境　生于山谷、山坡林缘、林下、草地或水旁潮湿地，垂直分布海拔510~2980米。俄罗斯远东地区、朝鲜也有分布。

01
狼耙草
Bidens tripartita

菊科　Asteraceae
鬼针草属　*Bidens*

特征　一年生草本。茎高20~150厘米，圆柱状或具钝棱而稍呈四方形，头状花序单生茎端及枝端，花冠长4~5毫米，冠檐4裂。

生境　产于东北、华北、华东、华中、西南及陕西、甘肃、新疆等省区。生于路边荒野及水边湿地。广布于亚洲、欧洲和非洲北部，大洋洲东南部亦有少量分布。

02
屋根草
Crepis tectorum

菊科　Asteraceae
还阳参属　*Crepis*

特征　一年生或二年生草本，根长倒圆锥状，生多数须根。茎直立，高30~90厘米。头状花序多数或少数，在茎枝顶端排成伞房花序或伞房圆锥花序。舌状小花黄色，花冠管外面被白色短柔毛。瘦果纺锤形。花果期7—10月。

生境　分布黑龙江（哈尔滨、北安）、内蒙古（大兴安岭）、新疆（富蕴、阿勒泰、哈巴河、布尔津）。生于海拔900~1800米的山地林缘、河谷草地、田间或撂荒地。欧洲、蒙古国、俄罗斯（西伯利亚、远东地区）、哈萨克斯坦有分布。

03
蒌蒿
Artemisia selengensis

菊科　Asteraceae
蒿属　*Artemisia*

特征　多年生草本；植株具清香气味。头状花序多数，长圆形或宽卵形，直径2~2.5毫米，近无梗，直立或稍倾斜，在分枝上排成密穗状花序，并在茎上组成狭而伸长的圆锥花序。花果期7—10月。

生境　多生于低海拔地区的河湖岸边与沼泽地带，在沼泽化草甸地区常形成小区域植物群落的优势种与主要伴生种；可挺立水中生长，也见于湿润的疏林中、山坡、路旁、荒地等。

04
野艾蒿
Artemisia lavandulifolia

菊科　Asteraceae
蒿属　*Artemisia*

特征　多年生草本。主根稍明显，侧根多；头状花序宽卵形或长圆形，瘦果倒卵形。花果期7—10月。

生境　分布在中、低海拔地区，多生于山坡、路边、林缘、草地、河湖岸边、砾质坡地等。蒙古国、朝鲜及俄罗斯（西伯利亚西部）也有分布。

01
黄瓜菜
Paraixeris denticulata (Houtt.) Nakai

菊科　Asteraceae
黄瓜菜属　*Paraixeris*

特征　一年生或二年生草本植物，高可达120厘米。茎单生，直立，全部茎枝无毛。头状花序多数，在茎枝顶端排成伞房花序或伞房圆锥状花序，含舌状小花。总苞圆柱状，总苞片外层极小，卵形，舌状小花黄色。5—11月开花结果。

生境　我国东北、华北、华东、华中、西北等地区都有分布。

02
碱菀
Tripolium pannonicum

菊科　Asteraceae
碱菀属　*Tripolium*

特征　茎高30~50厘米，有时达80厘米，头状花序排成伞房状，有长花序梗。花果期8—12月。

生境　产于新疆、内蒙古、甘肃、陕西、山西、辽宁、吉林、山东、江苏、浙江等省区。生于海岸、湖滨、沼泽及盐碱地。也分布于朝鲜、日本、俄罗斯西伯利亚东部至西部、中亚、伊朗、欧洲、非洲北部及北美洲。

03
野菊
Chrysanthemum indicum

菊科　Asteraceae
菊属　*Chrysanthemum*

特征　多年生草本，高0.25~1米，有地下长或短匍匐茎。头状花序直径1.5~2.5厘米，多数在茎枝顶端排成疏松的伞房圆锥花序或少数在茎顶排成伞房花序。瘦果长1.5~1.8毫米。花期6—11月。

生境　广泛分布于东北、华北、华中、华南及西南各地。生于山坡草地、灌丛、河边水湿地、滨海盐渍地、田边及路旁。印度、日本、朝鲜、俄罗斯也有分布。

04
长裂苦苣菜
Sonchus brachyotus DC.

菊科　Asteraceae
苦苣菜属　*Sonchus*

特征　一年生草本，高50~100厘米。头状花序少数在茎枝顶端排成伞房状花序。舌状小花多数，黄色。瘦果长椭圆状，褐色。花果期6—9月。

生境　生于海拔350~2260米的山地草坡、河边或碱地。日本、蒙古国、俄罗斯远东地区也有分布。

01
蒙古马兰
Aster mongolicus

菊科　Asteraceae
马兰属　*Aster*

特征　多年生草本植物。茎直立，高60~100厘米，有沟纹，头状花序单生于长短不等的分枝顶端，舌状花淡蓝紫色、淡蓝色或白色。花果期7—9月。

生境　产于吉林、辽宁、内蒙古、河北、山东（泰山）、河南（卢氏、西峡）、山西、陕西、宁夏（固原）、甘肃东部及四川西北部（康定、汉源）。生于山坡、灌丛、田边。

02
山马兰
Aster lautureanus

菊科　Asteraceae
马兰属　*Aster*

特征　多年生草本，高50~100厘米。茎直立，头状花序单生于分枝顶端且排成伞房状，瘦果倒卵形，扁平，淡褐色，疏生短柔毛，有浅色边肋或偶有3肋而果呈三棱形。冠毛淡红色。

生境　产于东北、华北、陕西、山东、河南及江苏（云台山）。生于山坡、草原、灌丛中。

03
腺梗豨莶
Sigesbeckia pubescens

菊科　Asteraceae
豨莶属　*Sigesbeckia*

特征　一年生草本。茎直立，粗壮，头状花序径约18~22毫米，多数生于枝端，排列成松散的圆锥花序；瘦果倒卵圆形，4棱，顶端有灰褐色环状突起。

生境　生于山坡、山谷林缘、灌丛林下的草坪中，河谷、溪边、河槽潮湿地、旷野、耕地边等处也常见。

04
线叶旋覆花
Inula linariifolia

菊科　Asteraceae
旋覆花属　*Inula*

特征　多年生草本，基部常有不定根。茎直立，单生或2~3个簇生，头状花序径1.5~2.5厘米，在枝端单生或3~5个排列成伞房状；舌片黄色，长圆状线形。花期7—9月，果期8—10月。

生境　广泛出产于我国东北部、北部、中部和东部各省。生于海拔150~500米的山坡、荒地、路旁、河岸，极常见。也分布于蒙古国、朝鲜、俄罗斯远东地区和日本。

01

02

03

04

01
一枝黄花
Solidago decurrens

菊科　Asteraceae
一枝黄花属　*Solidago*

特征　多年生草本，高（9）35~100厘米。茎直立，通常细弱，单生或少数簇生，在茎上部排列成紧密或疏松的长6~25厘米的总状花序或伞房圆锥花序，少有排列成复头状花序的。花果期4—11月。

生境　生于海拔565~2850米的阔叶林缘、林下、灌丛中及山坡草地上。

02
岩败酱
Patrinia rupestris

忍冬科　Caprifoliaceae
败酱属　*Patrinia*

特征　多年生草本，高20~60（100）厘米。花密生，顶生伞房状聚伞花序具3~7级对生分枝，花冠黄色，漏斗状钟形，瘦果倒卵圆柱状。

生境　产于黑龙江、吉林、辽宁、内蒙古、河北和山西。

03
桔梗
Platycodon grandiflorus

桔梗科　Campanulaceae
桔梗属　*Platycodon*

特征　茎高20~120厘米，通常无毛，偶密被短毛，不分枝，极少上部分枝。叶全部轮生，部分轮生至全部互生，无柄或有极短的柄，叶片卵形，卵状椭圆形至披针形。花单朵顶生，或数朵集成假总状花序，或有花序分枝而集成圆锥花序；花冠大，长1.5~4厘米，蓝色或紫色。花期7—9月。

生境　生山地草坡或林边。

01
聚花风铃草
Campanula glomerata subsp. speciosa

桔梗科　Campanulaceae
风铃草属　*Campanula*

特征　植株高40~125厘米，叶长7~15厘米，宽1.7~7厘米。茎叶几乎无毛或疏生白色硬毛或密被白色茸毛。茎有时在上部分枝。头状花序通常很多，除茎顶有复头状花序外还有多个单生的头状花序。

生境　生于草地及灌丛中。

02
紫斑风铃草
Campanula punctata

桔梗科　Campanulaceae
风铃草属　*Campanula*

特征　多年生草本，全体被刚毛，具细长而横走的根状茎。茎直立，粗壮。花顶生于主茎及分枝顶端，下垂；花萼裂片长三角形，裂片间有一个卵形至卵状披针形而反折的附属物，它的边缘有芒状长刺毛；花冠白色，带紫斑，筒状钟形。花期6—9月。

生境　生于山地林中、灌丛及草地中。

03
荇菜
Nymphoides peltata

睡菜科　Menyanthaceae
荇菜属　*Nymphoides*

特征　多年生水生植物，枝条有二型，长枝匍匐于水底，如横走茎；短枝从长枝的节处长出。

生境　中国除青海、西藏、海南三省区外广泛分布。

自然观察指南

1. 鸟类与哺乳动物

野外观察鸟类一般需要关注鸟的体形、外形特征、羽毛、喙、脚、鸣叫声和运动方式等。对于观察兽类来说，白天可以使用望远镜，特别是草原、荒漠等开阔生境，观鸟的同时也可以在枝头看到各种松鼠。但夜里特别是森林中，望远镜是没用的，专门夜观兽类的话，一般开车沿公路行驶，用车灯、探照灯、强光手电等观察路面和树上的兽类眼睛反红光，再用肉眼观察或相机拍摄。也可以使用红外夜视仪寻找观察。为方便读者理解观察手册中的常见术语，我们选取雀形目鸟类作为代表供读者参考。由于野外观察兽类较为困难，我们附上了常见观察手册中体形由小至大的兽类的剪影，及它们的足迹以供参考。

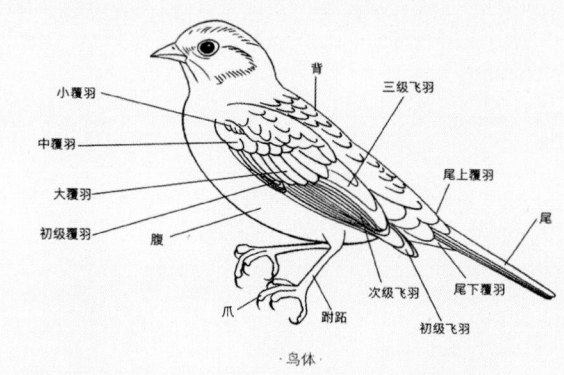

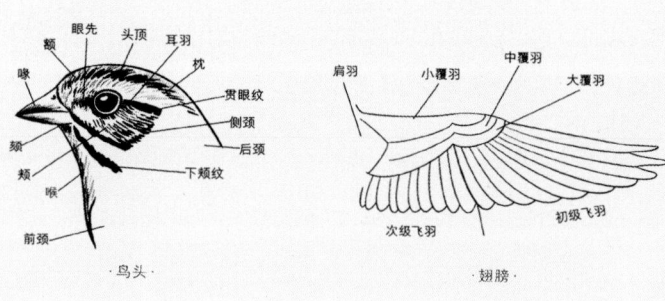

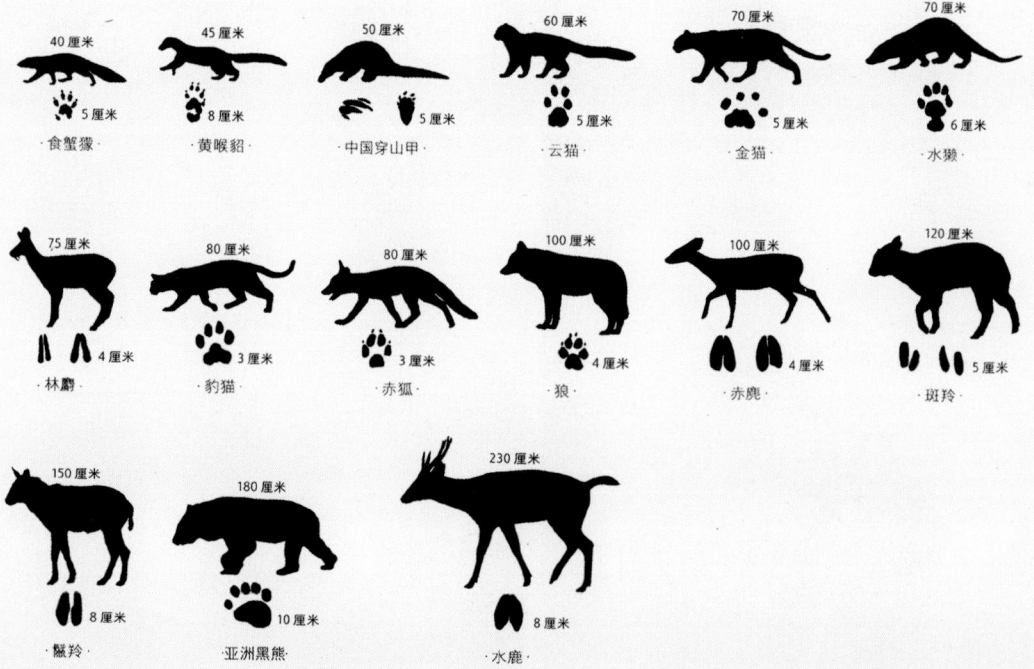

2. 两栖动物与爬行动物

两栖及爬行动物的活动是隐秘而有规律的，要想观察到它们除了要有良好的视力之外还需丰富的经验和运气。白天可见的两爬，主要是蜥蜴和一部分蛇类，仔细观察路面、石堆等环境就可能见到。夜里，依靠手电或头灯的光亮，在静水坑塘、排水沟附近以及溪流中搜寻，可以发现蛙类、蟾蜍等。观察两栖和爬行动物需要关注体形、外形特征、身体颜色和出没地点等。为方便读者理解观察手册中的常见术语，我们在两栖类中选取了有尾目（大鲵）和无尾目（黑斑侧褶蛙、中华大蟾蜍），在爬行类中选取有鳞目的蜥蜴亚目（蓝尾石龙子、无蹼壁虎、丽纹龙蜥）和蛇亚目（黑眉晨蛇、短尾蝮）作为代表供读者参考。

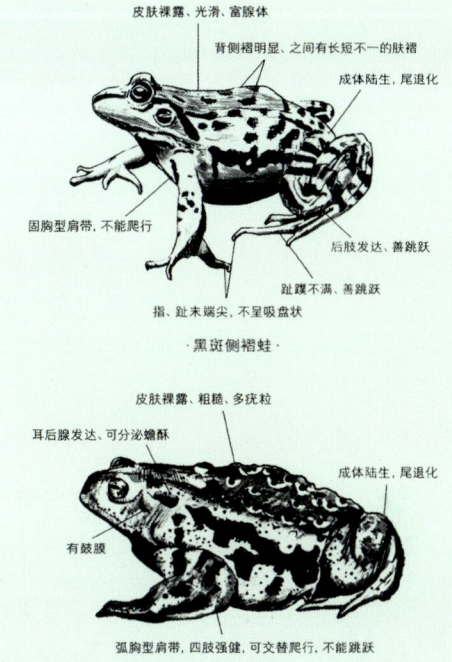

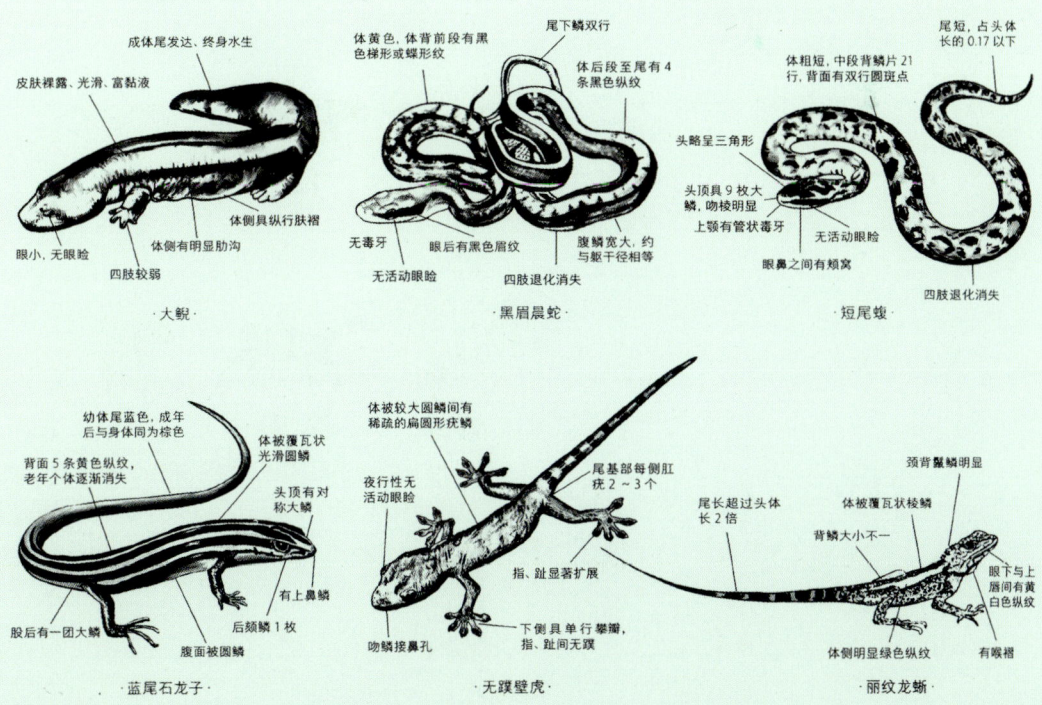

3. 昆虫

森林和淡水水域都是生机盎然的昆虫世界。观察昆虫的活动需要心平气和,放慢脚步,切忌打闹嬉戏。对于昆虫的观察,首先关注整体,是否具有6只脚和头、胸、腹三部分构造,其次关注昆虫的体形大小、外部特征与斑纹、鸣叫声、翅膀构造、飞行方式、移动方式和食物等。可利用相机、闪光灯和三脚架来拍摄昆虫以及它们生活的环境。夜间可利用LED手电来观察昆虫,手电也可作为夜间拍摄昆虫的对焦辅助灯。为方便读者理解观察手册中的常见术语,我们选取了鞘翅目(锹甲)、半翅目(蝉)和直翅目(螽斯)作为代表供读者参考。

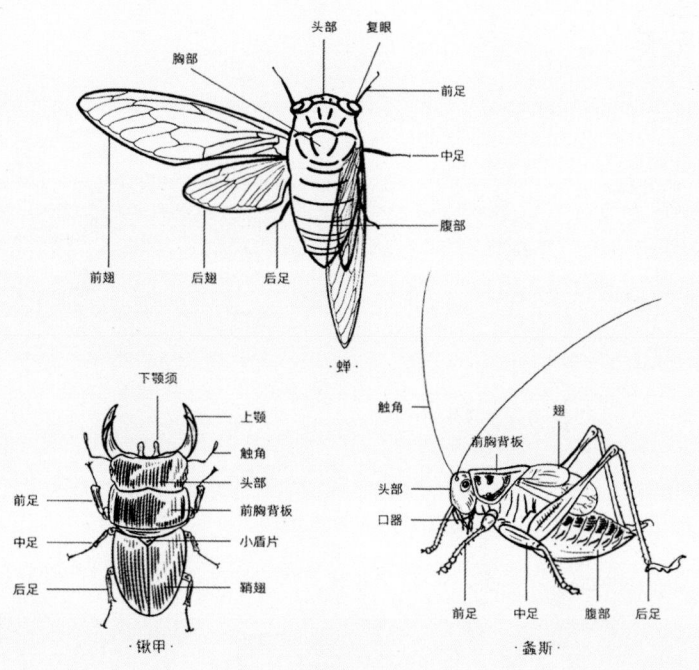

4. 植物

大部分植物花期在春季,果期会在秋季。对于植物观察,我们一般选取正在开花或有果实的植物。观察植物需要关注植物的生活型(乔木、灌木、草本)、茎、叶、花、果实等。可利用相机对这四大器官逐一观察和拍摄特写照片,并对整个植株拍摄全身照。可利用纸笔记录日期、地点、植物形态、伴生种以及生活环境。

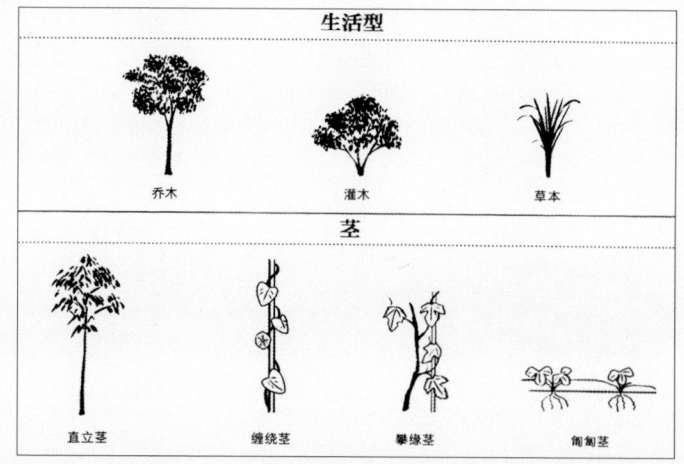

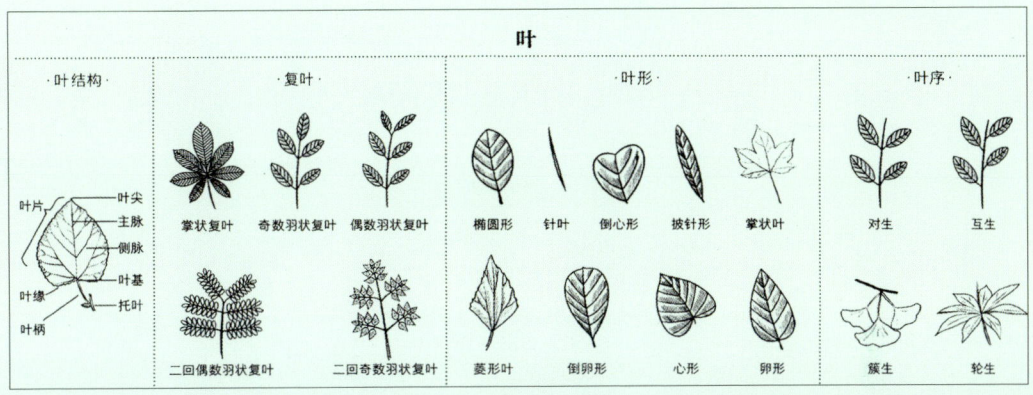
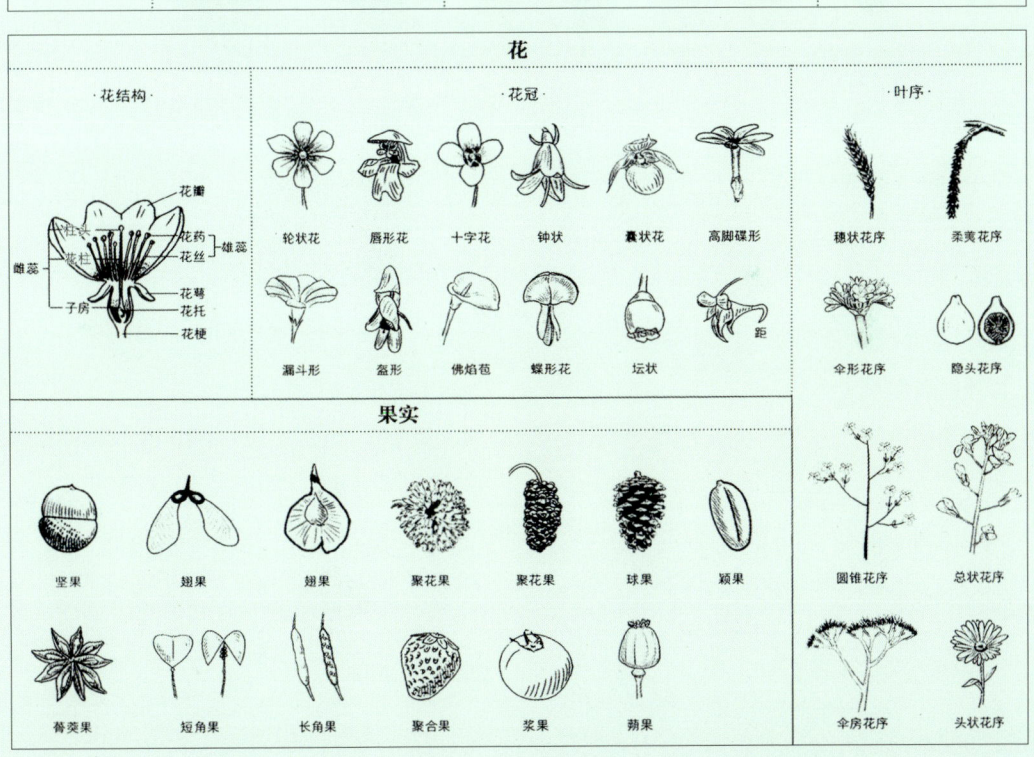

自然摄影的行为准则

①尊重自然、不干扰野生动物。
②不使用摆拍或棚拍等手法。
③不使用航拍器追逐野生动物。
④避免惊扰它们正常的筑巢、休息、觅食与育雏。
⑤保持与野生动物的安全距离，慎用闪光灯，尽量减少人工光源的使用。
⑥严禁伤害野生动物。
⑦这些准则的核心是"不惊扰"，即不对野生动物在被观察或拍摄时的生存状况造成现实干扰。

野外安全警告

①部分游览区靠近国境线，请严格遵守法律法规，不随意越界。
②提前了解目的地的环境情况，包括地形、气候、动植物分布等，以便做好相应的准备。同时，了解紧急联络方式，并随身携带必要的通信设备，以便在紧急情况下寻求帮助。
③警惕并避免涉足无人区、危险区以及手机信号盲区，如深山老林、悬崖峭壁等地方。
④在野外活动时，要注意防火安全。杜绝使用明火、燃放烟花等行为，特别是在干燥、易燃的季节和地区。
⑤要爱护花草树木和野生动物，不乱丢弃垃圾，保持环境的整洁和美丽。
⑥要量力有效处置险情。在遇到突发情况时，要保持冷静，迅速判断形势，并采取正确的应对措施。如果情况严重，无法自行处理，应立即报警求助。

怎么办

1. 野外被蜂蜇了

首先请保持冷静，不要惊慌。
按照以下步骤进行处理：
迅速离开原地：避免再次被蜂群攻击。
检查并拔出毒刺：仔细检查被蜇部位，如果有毒刺残留，应尽快小心拔出。可以用指甲或卡片边缘轻轻刮除，避免挤压，以免更多毒液注入。
清洗伤口：用清水或温和的肥皂水清洗被蜇部位，以减少感染的风险。
冷敷：如果局部出现红肿、疼痛，可以用冰块或冷毛巾进行冷敷，有助于减轻疼痛和肿胀。
观察症状：留意是否出现过敏反应，如呼吸困难、喉头水肿等。如有严重过敏反应，应立即拨打急救电话并告知医生情况。
就医治疗：如果疼痛持续不减或者出现红肿扩大、发热等症状，请及时就医。
在野外活动时，建议穿着长袖长裤，避免使用香味浓烈的化妆品或香水，以减少吸引蜂类的可能性。

2. 避免蜱虫叮咬

采取以下措施：
穿戴防护服：进入森林或草地时，穿上长袖长裤，并尽量将袖口、领口和裤脚口扎紧。
使用驱虫剂：在暴露的皮肤上涂抹驱虫剂，以形成保护层，防止蜱虫叮咬。

定期检查：户外活动后，仔细检查身体是否有蜱虫附着，特别是头发、耳朵和腋下等隐蔽部位。

如果你养了宠物，带宠物出游回家后，也要及时检查宠物身上是否有蜱虫，因为宠物也可能成为蜱虫的携带者。

此外，接种森林脑炎疫苗也是有效的预防措施。如果你计划前往疫区，请务必提前接种疫苗，并遵循医生的指导进行后续加强接种。

3.野外被蛇咬了

首先要尽量保持冷静，不要惊慌失措。迅速离开咬伤地点，以免被蛇继续攻击。然后观察伤口，如果伤口较深或者有红肿、疼痛等症状，应该立即就医。

在就医前，你可以尝试一些紧急处理措施。首先，用绷带或布条在伤口上方进行结扎，以减缓毒素扩散。但请注意，结扎不宜过紧，以免影响血液循环。接下来，用清水或高锰酸钾溶液冲洗伤口，以去除伤口表面的污物和毒素。

请注意，不要用嘴去吸吮伤口，以免将毒素吸入体内。同时，避免使用酒精、碘酒等刺激性液体清洗伤口，以免加重伤情。

在紧急处理后，尽快拨打求救电话，并告知医生你的症状和咬伤情况。医生会根据具体情况为你提供进一步的治疗建议。

4.野外遇到虎豹

保持冷静，不要惊慌失措。

了解环境：首先，你需要了解你所处的环境。知道虎豹可能出没的区域和它们活动的习性，避免在它们频繁出现的时间段和地点活动。

结伴而行：在野外行走时，尽量结伴而行，避免单独行动。人多的话，一旦遇到虎豹，可以互相照应，减少被攻击的风险。

避免刺激：如果在野外遇到虎豹，千万不要惊慌失措，也不要试图挑衅或激怒它们。尽量保持冷静，慢慢后退，避免直视它们的眼睛，因为这可能被视为挑衅。

使用防护工具：在野外活动时，可以携带一些防护工具，如棍棒、刀具等，以备不时之需。但请注意，这些工具并不能完全保证你的安全，所以最好的方法还是避免与虎豹发生冲突。

及时报警：如果你发现虎豹的踪迹或遇到紧急情况，应立即报警或通知相关部门，让他们协助处理。

5.在野外遇到熊

不要惊慌失措：尽量保持冷静，不要尖叫或做出突然的动作，以免激怒熊。

观察熊的行为：如果熊没有发现你，悄悄地离开，避免与熊发生冲突。如果熊已经注意到了你，观察它的行为，判断其是否表现出攻击性。

不要直视熊的眼睛：与熊对视可能会被误解为挑衅，所以尽量避免直接盯着它的眼睛看。

不要背对熊逃跑：熊跑得很快，背对熊逃跑可能会让它觉得你是猎物。尽量保持面对熊，慢慢后退，同时避免直接盯着它看。

制造噪声：如果熊开始接近你，可以大声喊叫、敲打物品或制造其他噪声，以吓退它。

安全离开后，立即报告给当地的野生动物管理部门或相关机构，以便其采取相应的措施。

请注意，不同种类的熊可能有不同的行为和习性，因此在实际应对时需要根据具体情况灵活处理。此外，预防总是比应对更重要，在进入熊可能出没的区域之前，务必做好充分的准备和防范措施。了解当地的生态环境和熊的习性，携带必要的防护工具，并尽量避免单独行动。

参考资料

刘少英，吴毅，2019.中国兽类图鉴【M】.福州：海峡书局

约翰·马敬能，2022.中国鸟类野外手册【M】.北京：商务印书馆

费梁，2020.中国两栖动物图鉴【M】.郑州：河南科学技术出版社

黄松，2021.中国蛇类图鉴【M】.福州：海峡书局

武春生，徐堉峰，2017.中国蝴蝶图鉴【M】.福州：海峡书局

张浩淼，2019.中国蜻蜓大图鉴【M】.重庆：重庆大学出版社

张巍巍，李元胜，2011.中国昆虫生态大图鉴【M】.重庆：重庆大学出版社

《中国高等植物彩色图鉴》编委会，2016.中国高等植物彩色图鉴【M】.北京：科学出版社

刘健，2021.黑龙江省常见昆虫原色图鉴【M】.北京：中国农业科学技术出版社

张永安，章尧想，2021.北京九龙山常见昆虫图谱【M】.郑州：河南科学技术出版社

赵文阁，2018.黑龙江省鱼类原色图鉴【M】.北京：科学出版社

高月波，2021.吉林省灯下蛾类动态及图鉴【M】.北京：中国农业出版社

孟庆繁，高文韬，2008.长白山访花甲虫【M】.北京：中国林业出版社

王吉申，花保祯，2018.中国长翅目昆虫原色图鉴【M】.郑州：河南科学技术出版社

虞国庆，王合，2017北京林业昆虫图谱【M】.北京：科学出版社

邸济民，2021.河北昆虫生态图鉴【M】.北京：科学出版社

周繇，李敏，2018.吉林长白山观花手册【M】.北京：化学工业出版社

李敏，周繇，2015. 东北野外观花手册【M】. 郑州：河南科学技术出版社

任炳忠，鲁莹，2020. 长白山常见昆虫生态图鉴【M】. 北京：高等教育出版社

张春光，赵亚辉，2016. 中国内陆鱼类物种与分布【M】. 北京：科学出版社

娄巨贤，方红，2011. 中国东北小蜂及青蜂志【M】. 北京：北京师范大学出版社

影像生物调查所（IBE）是一家专业自然影像机构，致力于创立"中国自然影像志"，专注于呈现自然之美。以"记录自然之美，传递生命感动"为宗旨，期望解决中国自然影像缺失，公众对中国自然了解匮乏的问题。

调查队长简介

郭亮，吉林长春人，毕业于北京大学生物系。野生动物摄影师，影像生物调查所（IBE）创始人，中国应急管理学会科普工作委员会副秘书长。

2005年开始跟随熊猫之父潘文石教授进行生物多样性影像记录，2009年创建影像生物调查所（IBE）。曾获得中国国家地理首届荒野传奇摄影大赛哺乳动物组金奖、中国国家地理第一届自然影像大赛荒野传奇银奖等诸多奖项。编著有图文书《中国自然影像志》《自然中国志之三江源》《自然中国志之黑龙江胜山》，自然画册《自然之美》《朝胜之旅》等。

十几年的时间里，郭亮带领团队开展了70多次野外影像生物本底调查，足迹遍布环喜马拉雅、三江源、横断山系等全国大部分区域。摄影作品收入《中国兽类图鉴》、《中国青藏高原鸟类》、《中国海洋湿地鸟类》、"环喜马拉雅生态观察丛书"等重点图书及发表在《中国国家地理》《人民画报》《森林与人类》等杂志。郭亮是《三江源自然观察手册》等中国国家地理图书"自然观察手册系列"的主创人之一，也是"中国自然影像志系列"的创办人，并担任迪士尼电影《诞生在中国》（物种）拍摄特约顾问及自然资源部2021年《生物多样性公约》第15次缔约方大会（COP15）申办宣传片特约顾问；担任《野性卧龙》《辽西脊梁》《灵动胜山》等20多部国家级自然保护区生态纪录片的制片人、策划人、主创摄影师。

鸣谢单位

东北虎豹国家公园管理局珲春分局

东北虎豹国家公园管理局汪清分局

东北虎豹国家公园管理局绥阳分局

东北虎豹国家公园管理局牡丹江分局

东北虎豹国家公园管理局延边分局

中吉文创发展（吉林）有限公司

延边昊润大果玫瑰科技开发有限公司

图书在版编目（CIP）数据

东北虎豹国家公园自然观察手册 / 郭亮主编；东北虎豹国家公园管理局，影像生物调查所（IBE）编著. —北京：北京出版社，2025.1

ISBN 978-7-200-18460-0

Ⅰ. ①东… Ⅱ. ①郭… ②东… ③影… Ⅲ. ①东北虎—国家公园—东北地区—手册 ②豹—国家公园—东北地区—手册 Ⅳ. ①S759.992-62 ②Q959.838-62

中国国家版本馆 CIP 数据核字（2024）第 030602 号

责任编辑：邓雪梅　　学术审读：夏富才（植物部分）
责任印制：燕雨萌　　　　　　张春田　杨慧　张雅慧（昆虫部分）
责任营销：猫　娘　　装帧设计：李一凭

东北虎豹国家公园自然观察手册
DONGBEI HU-BAO GUOJIA GONGYUAN ZIRAN GUANCHA SHOUCE

郭亮　主编
东北虎豹国家公园管理局　影像生物调查所(IBE)　编著

出　　版	北京出版集团 北京出版社
地　　址	北京北三环中路 6 号
邮　　编	100120
网　　址	www.bph.com.cn
发　　行	北京出版集团
印　　刷	河北鑫玉鸿程印刷有限公司
经　　销	新华书店
开　　本	787 毫米 ×1092 毫米　1/16
印　　张	29.25
字　　数	458 千字
版　　次	2025 年 1 月第 1 版
印　　次	2025 年 1 月第 1 次印刷
书　　号	ISBN 978-7-200-18460-0
定　　价	198.00 元

如有印装质量问题，由本社负责调换
质量监督电话　010-58572393